战略性新兴领域"十四五"高等教育系列教材

# 数字化网络化智能技术：生产系统网络与通信

主　编　刘建伟　包海涛
副主编　张　宏　刘　新　孙　晶
参　编　彭维清　郭乾亮　韦　磊　尉国滨　关乃侨

机械工业出版社

本书覆盖了工业现场总线、工业以太网、生产系统组网技术、生产系统网络安全技术等综合应用内容。全书共 8 章，主要包括导论、计算机网络基础、Modbus 工业现场总线及应用、PROFINET 工业以太网及应用、生产系统网络规划与设计、生产系统网络安全、生产系统与工业物联网、智能制造网络集成案例。

本书内容丰富，知识实用，在介绍技术原理的同时，选配了大量的生产系统典型应用案例，具有很强的实用性。本书可作为高等学校智能制造工程专业"生产系统网络与通信"及相关课程的教材，也可作为从事智能制造工程技术人员的参考用书。

**图书在版编目（CIP）数据**

数字化网络化智能技术 ：生产系统网络与通信／刘建伟，包海涛主编. -- 北京 ：机械工业出版社，2024. 12. --（战略性新兴领域"十四五"高等教育系列教材）. ISBN 978-7-111-77023-7

Ⅰ . TH166

中国国家版本馆 CIP 数据核字第 20240F0740 号

机械工业出版社（北京市百万庄大街 22 号　邮政编码 100037）

策划编辑：余　皞　　　　　　责任编辑：余　皞　王　荣
责任校对：贾海霞　王　延　　封面设计：严娅萍
责任印制：常天培
北京机工印刷厂有限公司印刷
2024 年 12 月第 1 版第 1 次印刷
184mm×260mm · 11.5 印张 · 282 千字
标准书号：ISBN 978-7-111-77023-7
定价：39. 80 元

电话服务　　　　　　　　　　网络服务
客服电话：010-88361066　　机 工 官 网：www.cmpbook.com
　　　　　010-88379833　　机 工 官 博：weibo.com/cmp1952
　　　　　010-68326294　　金 书 网：www.golden-book.com
**封底无防伪标均为盗版**　机工教育服务网：www.cmpedu.com

随着工业 4.0 和智能制造技术的发展，智能制造工程技术人员越来越受到社会的欢迎，"生产系统网络与通信"是一门理论性和实践性很强的课程，是智能制造工程专业的核心课程之一。

本书在内容上理论与实际紧密结合，注重引导学生将生产系统网络与通信技术理论付诸实践，从而帮助学生全面掌握生产系统网络规划与设计、网络安全配置等实践技能，做到学以致用。本书以生产系统网络需求为主线，重点阐述工业现场总线及应用、生产系统网络规划与设计、生产系统网络安全的原理和配置技术。本书重视实践，选配了大量的生产系统典型应用案例进行讲解。通过本书的学习，读者可以为从事智能制造生产系统网络管理和设计、生产系统网络集成工作，参加智能制造工程技术人员认证打下良好的基础。

本书建议学时为 32 学时，实际教学中可根据教学需要对学时数进行增减。

本书内容分为 8 章。

第 1 章为导论，主要内容为现场总线和工业以太网概述、工业控制网络的特点和最新技术。

第 2 章为计算机网络基础，主要包括计算机网络通信结构和数据通信基础知识。

第 3 章为 Modbus 工业现场总线及应用，主要阐述了 Modbus 通信协议的具体内容、工业现场设备级联中的 Modbus 通信，并结合 Modbus 通信案例进行讲解。

第 4 章为 PROFINET 工业以太网及应用，主要阐述了 PROFINET 的技术特点、PROFINET 通信模式分类及通信协议内容，并结合 PROFINET 通信案例进行讲解。

第 5 章为生产系统网络规划与设计，主要包括生产系统网络特点和需求、生产系统网络设计方法、虚拟局域网、冗余链路、RIP 和 OSPF 路由原理与冗余协议等技术。案例部分包括 VLAN、RSTP 组网配置和 OSPF 组网配置。

第 6 章为生产系统网络安全，主要论述了生产系统网络安全、防火墙安全配置、NAT技术、VPN 技术的原理和配置方法，并结合路由器和防火墙应用案例进行讲解。

第 7 章为生产系统与工业物联网，主要阐述了工业物联网架构分析及关键技术应用，结合 OPCUA 协议数据采集案例进行分析。

第 8 章为智能制造网络集成案例，从链路故障、路由器设备故障、网络可扩展性等方面分析了智能制造网络集成需求，并基于 OSPF、VRRP、RSTP 等协议构建智能制造产线网络。

　　本书由刘建伟、包海涛任主编，张宏、刘新、孙晶任副主编，第1、2章由包海涛编写，第3、4章由包海涛和刘建伟编写，第5、6章由刘建伟、张宏和孙晶编写，第7章由包海涛和刘新编写，第8章由刘建伟和彭维清编写。彭维清、郭乾亮、韦磊、尉国滨、关乃侨开发并调试了本书中的案例代码。

　　在本书的编写过程中，编者参考了上海犀浦智能系统有限公司的相关文档，参考了一些生产系统网络技术的书刊及文献资料，并查阅了相关的网络资料，在此对所有的作者表示感谢。限于编者水平，书中难免存在不足与疏漏之处，欢迎广大读者批评指正。

　　本书为读者提供电子课件等资料，有需要者请联系编者进行下载。联系邮箱：smelab@dlut. edu. cn。

编　者

# 目　录

知识图谱

教学大纲

# 第 **1** 章

## 导论

PPT 课件

课程视频

## 1.1 工业控制网络技术发展历程

工业控制网络技术是工业自动化领域中的重要组成部分，其发展历程与工业自动化的发展密切相关。随着科学技术的不断进步，工业控制网络技术也在不断更新迭代，以便更好适应和满足不断提升的工业控制需求。

在无线通信技术还未大面积普及的早期，工业控制网络主要采用有线通信方式，比较典型的有 RS485、CAN 总线等，这些技术在当时的技术条件下很好地满足了当时的工业控制需求。随着工业自动化程度需求的提高，工业控制对网络技术的实时性、可靠性和灵活性的要求越来越高，传统的有线通信方式弊端越发显现出来，已经无法满足这些需求。

随着互联网技术的迅猛发展，作为其核心支撑的以太网技术，也被广泛应用于工业控制领域，逐渐取代了传统的低速有线通信方式。以太网技术的优势在于其开放性和互操作性，使得不同制造商的设备可以方便地进行互联互通。同时，以太网技术的传输速率高，可以很好满足高实时性的工业控制需求。

工业控制和民用商用对网络需求的差异性，也使得以太网技术在工业控制领域的应用面临着一些挑战，主要体现在以太网协议的确定性和实时性需求，以及以太网网络的规模和可扩展性等。人们针对这些差异性进行了相应的研究，一些专用的工业以太网协议和标准应运而生，典型如 PROFINET、EtherNet/IP 等。这些协议通常是基于标准以太网，针对工业控制领域的特殊需求进行了优化和改进，其目的是提高以太网技术在工业控制领域的应用效果。

随着物联网技术的快速发展，工业控制网络技术也开始与物联网技术相结合。工业控制网络与物联网技术的深度融合，可以实现更加智能化的工业控制和管理，提高生产效率和设备可靠性。

工业控制网络技术的发展大致经过这样几个阶段：

1）控制初期阶段（1935 年以前）：在这一阶段，继电器为代表的元器件开始广泛应用于工业控制，实现电气控制自动化，替代人工控制。此阶段更多实现的是本地控制，远距离通信还未普及。

2）理论革新时期（1935—1950 年）：这一时期，一些工业控制理论及相关标准被创建。工业控制产业和相关标准由四个美国组织所建立，核心思想就是从分散电路控制过渡到集中电路控制，此时更多体现的是集中模拟式控制。世界性战争是这一时期工业控制系统理论与技术蓬勃发展的重要原因。有了战时技术与理论的积累，工业控制系统在百废待兴的战后时期进行了大规模的更新换代，包括执行机构更加耐用、精密，数据采集系统效率更高、更具实时性，以及中央控制机构的操作更加直观、简单。

3）数字化控制时期（1950—1980 年）：数字化控制与计算机技术息息相关。1950 年，斯佩里-兰德公司造出了第一台商业数据处理机 UNIVAC，工业控制系统正式全面与通信系统及电子计算机结合，开启了工业控制系统数字化的新领域。数年后，全球第一个数字化工业控制系统建设完成。此阶段最大的特点是，各类数字化控制设备广泛应用。

4）以太网技术和工业以太网的发展（20 世纪 80 年代中期—2012 年）：该阶段以互联网技术，以及以太网技术开始应用于工业自动化领域为标志，工业控制网络也迈向了一个新的阶段。以太网通过使用标准的网络通信协议和电缆，实现了高速、可靠的数据传输。这使得工业自动化系统可以更加灵活地进行远程监控和控制。随后，随着工业控制需求的不断增加，一些专用的工业以太网标准相继出现。例如，Modbus TCP 和 PROFINET 等工业以太网协议，它们在以太网基础上对实时性、可靠性和安全性进行了优化，更适合工业自动化应用的特殊需求。

5）物联网技术的融合发展（2012 年至今）：随着物联网技术的快速发展，工业控制网络也开始与物联网相融合。物联网技术在一些简单的工业场景中开始有了初步的应用尝试。万物皆可连，工业现场的物料移动、工序过程、生产需求都可以利用物联网和原有的工业控制网络有机地相结合。将工业控制网络与云计算、大数据分析等技术结合，实现了对工业设备的远程监控和故障预测，进一步提高了生产效率和质量。

工业控制网络技术的发展历程是一个从硬件到软件、从集中到分散、从模拟到数字、从独立到互联的演进过程。这个过程不断推动着工业自动化系统的进步，为实现智能制造和工业互联网奠定了基础。

## 1.1.1 模拟信号控制系统

模拟信号控制系统是一种早期的工业控制系统，其信号传输和处理采用模拟信号技术。在模拟信号控制系统中，传感器将各种物理量，如温度、压力、流量等，通过传感器转换为模拟信号，然后通过模拟电路传输到控制器。控制器对接收到的模拟信号进行处理，根据预设的控制算法计算出控制信号，再通过模拟电路输出到执行器。执行器根据控制信号调节工业设备的运行状态，从而实现对生产过程的控制，此阶段信号的传输、处理过程，运算放大器起到了核心作用。

模拟信号控制系统的优点是技术成熟、可靠性高、稳定性好。但是，随着工业自动化程度的不断提高，模拟信号控制系统的缺点也逐渐显现出来，如精度低、调试困难、扩展性差等。随着数字化技术的不断发展，数字信号处理技术的先天优势更突出地显示出来，相比于模拟信号处理技术，它具有更高的精度、更强的抗干扰能力、更好的灵活性和可扩展性等。因此，工业控制系统越来越普遍采用数字信号处理技术，模拟信号控制系统已经逐渐被淘汰。

模拟信号控制系统也并不是毫无价值，在某些特定的应用场景中，它仍然具有一定的应用价值。例如，在一些需要高稳定性和可靠性的场合，模拟信号控制系统可能仍然是首选方案。此外，在一些老旧设备的改造升级中，也可能需要使用模拟信号控制系统。因此，在工业自动化领域中，模拟信号控制系统的应用仍然具有一定的市场和需求。

## 1.1.2　计算机集中控制系统

计算机集中控制系统是一种早期的工业控制系统，也就是采用一台中心计算机来控制整个系统的所有对象和完成所有功能。在控制系统中，中心计算机是核心，所有的控制任务，数据采集、数据处理都是由它完成，具体包括数据的输入输出、实时数据的处理和保存、实时数据库管理、历史数据处理和保存、人机界面的处理、报警和日志处理、系统本身的监督管理等。

计算机集中控制系统具有一定的优点，包括数据集中度高、数据库容易管理、容易保证数据的一致性、硬件成本较低、控制结构简单、便于信息的采集和分析、易于实现系统的最优控制以及整体性与协调性较好。早期工业控制需求相对简单，计算机集中控制系统体现出很强的优越性，但是随着技术的发展，控制系统规模和复杂程度的增加，计算机集中控制系统逐渐暴露出一些缺点。例如，当被控对象发生变化或增加时，系统的运行效率会下降，并且维护也变得越发复杂。更重要的是，由于该控制系统更多依赖于核心计算机，如果它出现问题，就可能会引发全局性瘫痪的恶性影响。

目前，计算机集中控制系统应用受到了限制，多用在小规模的控制网络，大规模应用中已经被分布式控制系统（Distributed Control System，DCS）所取代。DCS 是一种新型的控制系统，它将控制功能分散到多台计算机中，每台计算机负责一部分控制任务，各计算机之间通过网络进行通信和数据交换。DCS 具有可靠性高、灵活性和扩展性强、维护方便等优点，因此在现代工业控制系统中得到了广泛应用。

## 1.1.3　分布式控制系统

分布式控制系统（DCS）也称集散式控制系统，顾名思义就是对生产过程进行集中管理和分散控制的计算机控制系统。DCS 采用分散控制和集中管理的设计思想，分而治之和综合协调的设计原则，具有层次分明的体系结构。该系统综合计算机（Computer）、通信（Communication）、显示（CRT）和控制（Control）等方面技术，被称为 4C 技术。

集散式控制系统的优点在于克服了常规仪表功能单一、人机联系差，以及单台微型计算机控制系统危险性高的缺点，既在管理、操作、显示三方面进行集中，又在功能、负荷和危险性等三方面进行风险分散。它综合继承了常规仪表分散控制和计算机集中的优点，采用先进的控制技术使得控制器中预先存储算法到只读存储器（ROM）中，每一种算法代表一种功能，使得设计和定义功能更方便。通常称各种算法为功能块，功能块的总称为功能块库。

DCS 主要包括以下四大部分：

1）I/O 接口卡件：通过它与现场仪表连接，实现模拟/数字（A/D）、数字/模拟（D/A）的转换及部分的输入、输出处理，采集来自检测仪表的信号，同时输出模拟或数字信号至执行器。

2）控制器：控制器完成现场 I/O 信号的输入、输出处理，运用各种控制算法，完成连续的比例积分微分（PID）调节、顺序控制、逻辑控制及先进的过程控制等功能。通过串行接口，可以实现与可编程逻辑控制器（PLC）子系统的单向或双向的通信。

3）过程控制网：控制器、操作站均是过程控制网的一个节点，过程控制网实现控制器与控制器之间、控制器与操作站之间、操作站与操作站之间的点对点的数据通信。

4）人机交互：人机交互通过控制网的操作站实现。操作站的主要功能就是从控制器读取过程采集来的数据，同时把在操作站设定的数据写到控制器里。

## 1.1.4 现场总线控制系统

现场总线控制系统（Fieldbus Control System，FCS）是一种全数字串行、双向通信系统，主要用于连接智能现场设备和自动化系统。它采用数字通信协议，使得测量和控制设备如探头、激励器和控制器可以相互连接、监测和控制。

现场总线控制系统具有以下特点：

1）现场通信网络：现场总线技术将现今网络通信与管理的观念引入工业控制领域，形成一种数字式、全分散、双向传输、多分支结构的通信网络。

2）现场设备互连：系统可以实现智能现场设备和自动化系统的互连，主要解决工业现场的智能化仪器仪表、控制器、执行机构等现场设备间的数字通信以及这些现场控制设备和高级控制系统之间的信息传递问题。

3）互操作性：系统支持不同制造商的设备之间的互操作性，从而提高了系统的灵活性和可扩展性。

4）分散的功能块：系统的功能块可以分散到不同的设备中，这样可以更好地适应工业控制的需求，提高系统的可靠性和灵活性。

5）通信线供电：系统可以通过通信线为设备提供电源，从而简化了布线，降低了维护成本。

6）开放型互联网络：系统可以与 Internet 互连，构成不同层次的复杂网络，代表了今后工业控制体系结构发展的一种方向。在工厂网络的分级中，现场总线控制系统既可作为过程控制，例如 PLC 和应用智能仪表，包括变频器、阀门、条码阅读器等的局部网，又具有在网络上分布控制应用的内嵌功能。

国际上已知的现场总线类型有 40 余种，比较典型的现场总线有 FF、PROFIBUS、LON Works、CAN、HART、CC-Link 等。由于其广阔的应用前景，众多国外有实力的厂家竞相投入力量进行产品开发。

### 1.1.5　工业以太网控制系统

工业以太网控制系统是基于计算机网络实现的工业自动化控制系统，利用工业以太网技术，实现现场设备与控制系统的互连互通。相比于传统的现场总线控制系统，工业以太网控制系统具有更高的通信带宽和更远的通信距离，支持更多的设备连接和更复杂的数据传输。工业以太网控制系统的主要优势包括：

1）高可靠性和稳定性：工业以太网控制系统采用了以太网技术和传输控制协议/互联网协议（TCP/IP），具有较高的可靠性和稳定性，能够保证数据传输的准确性和实时性。

2）易于扩展和维护：工业以太网控制系统的设备连接数量和通信距离都得到了极大的扩展，同时系统结构简单，易于扩展和维护，能够满足不同规模和复杂度的工业自动化控制需求。

3）丰富的设备选择：工业以太网控制系统支持多种不同类型的设备连接，包括传感器、执行器、人机界面等，用户可以根据实际需求选择合适的设备，实现灵活的自动化控制。

4）高效的数据传输：工业以太网控制系统的通信带宽较高，可以实现大量数据的快速传输和处理，提高了自动化控制系统的实时性和准确性。

5）易于集成和互操作：工业以太网控制系统采用开放的标准和协议，易于与其他系统集成和互操作，能够实现不同制造商设备之间的互通和协作。

工业以太网控制系统的诸多优势，能够满足现代工业自动化控制的需求，促进工业自动化的发展。

## 1.2　现场总线概述

现场总线（Fieldbus）是近年来迅速发展起来的一种工业数据总线，主要解决工业现场的智能化仪器仪表、控制器、执行机构等现场设备间的数字通信以及这些现场控制设备和高级控制系统之间的信息传递问题。它是一种工业数据总线，是自动化领域中底层数据通信网络。现场总线具有简单、可靠、经济实用等一系列突出的优点，因而受到了许多标准团体和计算机制造商的高度重视。现场总线具有现场控制设备和通信功能，构成工厂底层控制网络，并且通信标准的公开、一致，使系统具备开放性，设备间具有互操作性。

## 1.2.1 现场总线的特点

现场总线控制系统是计算机技术、控制技术、通信技术和图形显示技术等多种技术的集成，是应用现场的智能设备相互连接，实现测控设备之间以及测控设备与高级控制系统之间的信息传递，从而构成一个综合的、分布式的、多节点的数字化测控网络。为实现上述的功能，现场总线具有以下几个方面的特点：

1）通信方式：总线上可连接多台仪表，双向传输多个信号，导线数量减少，成本降低。

2）传输方式：采用串行数字传输方式，结合数字校验技术，抗干扰能力强，传输精度高。

3）控制功能：控制功能分散到现场变送器或执行器，现场设备间可以实行双向通信，并可构成控制回路。

4）互操作性：不同制造商的现场仪表满足一定的协议规范，便于互换，并且不同品牌的仪表都可以连接到同一个网络上，组态方法统一，即可互连操作。

5）开放性：可与同层网络、不同层网络、不同制造商生产的网络互连，网络数据共享。

6）智能化与功能自治性：现场设备的智能化与功能自治性。

7）分散性：系统结构的高度分散性。

8）适应性：对现场环境的适应性。

## 1.2.2 现场总线的标准

现场总线标准是按照国际标准化组织（ISO）制定的开放系统互连（OSI）参考模型建立的。OSI 参考模型共分 7 层，即物理层、数据链路层、网络层、传输层、会话层、表示层和应用层。该标准规定了每一层的功能以及对上一层所提供的服务。现场总线根据现场应用的具体情况，简化了模型，只采用了 OSI 参考模型的第一层物理层、第二层数据链路层、第七层应用层，同时考虑到现场装置控制功能和具体应用需求还增加了用户层。

现场总线标准有很多种类，通常是由国家、企业联盟组织等提出，针对工业现场的具体应用，从设备的物理连接、数据传输与交互、数据格式、命令代码等制定出具体的细节，用户按这些规范应用，如丹麦国家标准 DSF 21906（P-Net）、德国国家标准 DIN 19245（PRO-FIBUS）、法国国家标准 FIP C46 601~607（WorldFIP）、日本 JEMA 标准（CC-Link）、美国国家标准 ANSI/NEMA 以等同方式支持的 ISA（国际自动化学会）/IEC（国际电工委员会）标准草案等。这些标准都有各自的特点和应用领域，但它们都遵循现场总线的基本原理和 OSI 参考模型。

### 1.2.3　现场总线的现状

#### 1. 现场总线缺乏通用标准

现场总线协议有几百种版本，包括开放式标准，缺乏一种通用标准。开放性标准的主要优势在于对大规模分布式控制系统（DCS）和可编程序控制系统的支持和使用，增强了设计开发和后期维护的效率。针对特定系统的总线协议，面向小规模，具有专有、封闭的特点，只局限于运用在它们支持的设备中，这种应用缺乏普适性，也不便于大规模特别是多制造商协调。

人们希望执行一种统一的国际标准，国际电工委员会很早就着手开始制定现场总线的标准，但至今仍未完成统一的标准。虽然现场总线并非一个全球标准，但它正逐渐被欧洲一些国家所接受，且成为基金会现场总线（FF 现场总线）规范的构成部分。

新型现场总线的创新速度在逐渐减慢，但近来多种新型的开放性现场总线已生产上市，如工控网的过程现场总线（PROFIBUS）和基金会现场总线（FF 现场总线）。过程现场总线和基金会现场总线在生产实际中，已经在大量设备投入应用作为基础，两者都不会被淘汰。过程现场总线已开始吸收采用基金会现场总线的一些特性，但要实现标准的统一还是非常困难的。过程现场总线和基金会现场总线将继续发展，以后两者可能服务于同一应用程序。

#### 2. 现场总线系统功能整合

现场总线作为数据传输的链路，与其他系统进行整合非常重要。虽然基金会现场总线和过程现场总线都提供了允许系统整合的接口文件和互用策略，但最好的方式为两者主要协议相融。毕竟这两种协议有着相似的拓扑结构，包括一种高速链路连接较低速的 PA（Process Automation）和 H1 现场节点。基金会现场总线目前已将对 H2 高速总线的研发转向利用高速以太网，即使用高速以太网为过程现场总线提供最灵活的多种解决方案。

过程现场总线传输的物理介质是 RS485 双绞线或光纤，这一技术已经非常成熟。过程现场总线采用的整合方法并不是最优的，过程现场总线允许循环设备通过电子设备数据库（GSD）文件存取，使得运转过程更加复杂化。此外，过程现场总线的设备运转和参数设定也是弱项，常需多种外部软件工具支持协助。

#### 3. 现场总线维修维护

现场总线系统通过提供关于现场设备状况和维修条件的及时信息来节约操作费用。设备类型管理器运行方法以明确的语言表述设备配置和状态信息，使同级别的信息随设备维修条件而传递。

当某一设备状态存在异常，资源监控器会预先自动提醒操作者，使其提前做好准备。采用哪种预警方式，这就要视设备和系统的特性而定。既然可以用这种方式获得诊断、维修信息，那么，那些附加标准就可以将诊断、维修信息码改译成明确、清楚的指令或指示，从而使可获资源最大化，且减少不必要的预防性维修。编制加载准确的设备文件可缩短查找故障时间。对隐藏的设备故障进行诊断，系统需要查找到正确的文件才能够实现维护设备的有效性，而这些则是最困难的工作。

**4. 总线元件的远程寻址**

可寻址远程传感器高速通道设备提供一定的维修信息，并能远程获取设备配置及支持，这与现场总线协议相似。在可寻址远程传感器高速通道开放通信协议的情况下，各设备间用4~20mA 模拟信号通信，尽管能够通过合适的工具和组成成分获取设备数据，但其速度缓慢。

可寻址远程传感器高速通道信息上传到主机系统的功能变得愈加普遍。资源监控器应用软件，被用来最大化可寻址远程传感器高速通道设备的可用性。这一点，类似于基金会现场总线设备和过程现场总线设备中资源监控器的功能。可寻址远程传感器高速通道设备类型管理器，也可以为所有既得特性提供全方位设备支持。

## 1.2.4 主流现场总线介绍

现场总线技术各有特点，能够满足不同工业自动化场景下的需求，包括但不限于设备控制、数据采集、监控和过程自动化等。现场总线数量众多，它们所适用的场合也各不相同，包括工业生产、过程控制、智能建筑、楼宇自动化、农业控制等多个领域。以下介绍几种影响较广泛的现场总线。

**1. FF 现场总线**

现场总线是 20 世纪 80 年代末在国际上发展起来的用于过程自动化等领域的现场智能设备互连通信网络。在众多的现场总线技术中，由现场总线基金会（Fieldbus Foundation，FF）组织开发的基金会现场总线（Foundation Fieldbus，FF，因与现场总线基金会简称一样，因此以下简称"FF 现场总线"）在过程自动化领域中得到了广泛的应用。

FF 现场总线由以美国费希尔-罗斯蒙特（Fisher-Rousemount）公司为首的联合了横河、ABB、西门子、英维斯等 80 家公司制定的 ISP 协议和以霍尼韦尔（Honeywell）公司为首的联合欧洲等地 150 余家公司制定的 WorldFIP 协议于 1994 年 9 月合并而成，该总线在过程自动化领域得到了广泛的应用，具有良好的发展前景。

FF 现场总线是一种以 ISO/OSI 模型为基础的现场总线技术。它取其物理层、数据链路层、应用层为通信模型的相应层次，并在应用层上增加了用户层。用户层主要针对自动化测控应用的需要，定义了信息存取的统一规则，采用设备描述语言规定了通用的功能块集。

FF 分低速 H1 和高速 H2 两种通信速率。前者传输速率为 31.25kbit/s，通信距离可达1900m，可支持总线供电和本质安全防爆环境；后者传输速率为 1Mbit/s 和 2.5Mbit/s，通信距离为 750m 和 500m，支持双绞线、光缆和无线发射，协议标准为 IEC 61158-2。FF 现场总线物理媒介的传输信号采用曼彻斯特编码。

FF 现场总线在低速 H1 网段上挂接多个现场总线设备，完成现场的智能化仪表、控制器、执行机构、分散 I/O 等设备间的数字通信以及与控制系统间的信息传递。完整的 H1 网络的基本构成部件有现场总线接口、终端器、总线电源、本质安全栅、现场设备、中继器、网桥、传输介质等，每个分支通过链路设备连接到 FF 现场总线高速以太网（HSE），数据通过 HSE 传输到各个服务器，进行数据处理。

现场总线拓扑结构根据工程要求，可采用不同的形式，比如点对点、树形、分支或组合拓扑结构，不建议采用链拓扑形式。

**2. HART 总线**

HART 总线是罗斯蒙特（Rosemount）公司于 1993 年开发的一种应用于现场设备的数据通信总线。HART 是英文"Highway Addressable Remote Transducer"的缩写，意为"可寻址远程传感器数据通路"。它是一种面向事务的通信服务协议，用于过程控制设备，旨在增强传统的 4~20mA 模拟信号传输。

20 世纪 80 年代中期，罗斯蒙特公司推行发布了 HART 协议，用于规定多功能仪表设备和控制主机之间各层的通信规范。HART 协议与其他现场总线有所不同，比较特殊，它并不真正意义上的现场总线，而是一种过渡协议，在 4~20mA 模拟电流信号到数字信号之间起到了过渡作用。HART 协议在传统的 4~20mA 标准模拟信号上叠加上频移键控的数字信号，可以让原有的电流模拟信号设备继续使用，又可以实现数字信号信息传输。

HART 总线的数据信号传输方法是在 4~20mA 信号上叠加一个电流调频信号。其中，逻辑"1"用 1200Hz 信号表示，逻辑"0"用 2200Hz 信号表示，波特率为 1200bit/s。这种传输方式使得 HART 总线可以利用原有的 4~20mA 信号线同时传输数字信号，无需再进行额外的布线，节省现场的数据通信线，并且实现数据通信。

HART 协议中包含几十到上百种命令，要使这些命令发挥最大作用，就需要让 HART 主、从机之间建立长期稳定的连接。如果仅仅使用上位机或 HART 手操器与从机仪表之间进行偶尔的通信和参数调整，则无法完全发挥 HART 仪器仪表的最大价值。

HART 总线主机与现场总线仪表连接保持长期稳定，具有以下几个方面的特点：

（1）简化总线网络和分布设备的调试

HART 仪表内置的指令回复中包含了仪表本身的信息，包括仪表的型号、量程上下限、生产厂家、仪表 ID 等，所以工作人员从上位机直接获取仪表信息，进而核实各仪表是否被正确使用，不需要再到每一个仪表的位置进行核查。HART 仪表还能对主机要求的量程等组态信息进行反馈。调试现场设备过程中，将现场设备的组态参数设置到合适的值，使其与分布控制网络相配合是很重要的一环。若仪表的组态设置与分布式控制系统的所需设置不匹配，控制策略就不能正常发挥作用，甚至引起错误报警。用户只需要在主机远程对从机发起询问，就能够知道某个特定仪表当前的设置信息，并能直接在主机对从机的设置发起修改。另外，调试过程中使用者还可以借助 HART 指令控制现场设备输出特定的模拟信号，从中观察系统，进而核查控制网络的工作状态是否正确。

（2）高效的远程网络管理

HART 设备中存储有生产厂家、型号、装配号和序列号等信息，工作人员能够时常调取查看，增强对总线网络上每个不同 HART 设备的了解，解决了旧式模拟仪表难以分析问题的弊端，增强了仪表网络管理的便捷性，节省了人力资源。并且，HART 仪表报错后，能够对仪表的具体问题进行查询，能远程知悉仪表的问题，在前往现场之前做好维修准备，避免了旧式仪表先现场查看再准备维修条件的资源、时间浪费。对于有损耗的仪器设备，如泵和阀门等，HART 设备可提供日期信息，方便使用者计算仪器使用期限，定期进行维修和处理。如 HART 泵能够统计泵的总运行时间，当累计时长接近制造商指定的使用寿命时，则说明需要维修器件。借助这种方式，能让 HART 仪器的使用者有规划地对仪器设备进行维修和准备备用方案，提高了生产效益和工作效率。

（3）减少系统意外故障

HART 通信技术不仅可以帮助运行人员判断是否有仪表引起异常，还可以提供更为详细的诊断信息，方便运行人员进行故障排查。在工业生产过程中，无论是仪表本身的问题还是生产过程中遇到的异常情况，都可能会引起系统运行中的异常报警。HART 通信技术能够在每次传输中携带仪表状态信息，如工作状态、传感器健康状况和电池电量等，正是因为这一特性，它能够帮助运行人员准确地判断是否存在异常情况。此外，HART 通信技术支持双向通信，这使得运行人员不仅可以获取仪表信息，还可以通过远程操作进行参数设置和调整，从而实现对生产过程的精细控制。HART 通信技术可以及时传输仪表的状态信息，运行人员能够准确判断哪些仪表存在异常情况，从而能够将注意力集中在可能存在问题的仪表上进行监测，缩小监视范围。HART 协议设备还具有核查自身输出信号的功能，可以将输出信号与自身内部要发出的数字信号进行比较，来确定信号是否转换正确。HART 协议设备还可以直接连接到安全系统中，设备发出的故障信息可以直接为安全系统所用，引发相应程序措施，避免等待报警门槛而引发的麻烦，提高了系统总体的稳定性。

（4）多挂接和多过程变量可简化控制网络

相对于旧式模拟仪表，HART 仪表能够测量更多变量，最多可输出四种被测量的值。利用这一特点，可以大大减少仪表的使用量，同时还减少了主机设备的挂载负担。如果用在对数据时效性要求不高的测量系统中，还可以借助多挂接的办法节约供电资源。

**3. DeviceNet 现场总线**

DeviceNet 是一种基于 CAN 总线技术的工业级通信网络，由美国的 Allen-Bradley 公司（后来被罗克韦尔自动化公司合并）开发。它利用了 CAN 协议的物理层和数据链路层，同时补充了不同的报文格式、总线访问仲裁规则及故障检测和隔离方法。DeviceNet 定位于工业控制的设备级网络，简化了系统的复杂性并减少了设备通信的电缆硬件接线，提高了系统可靠性，降低了安装和维护成本。

网络中最多可以有 64 个节点，节点地址（MAC ID）可为 0~63，每个节点都具有唯一的 MAC ID。支持主站-从站（master-slave）及端对端（peer-to-peer）通信架构，但大部分设备是在主从网络架构下运作。网络可以使用扁平电缆，并且允许单一网络中多重主站的功能。提供了三种不同的数据传输速度：125kbit/s、250kbit/s 及 500kbit/s。支持网络自供电机能，一般用在小型设备中，如光电监测器、限位开关或接近开关等。在高噪声环境下也能使用，具有很好的抗干扰性。

DeviceNet 的应用层协议采用的是通用工业协议（CIP），CIP 是一个在高层面上严格面向对象的协议，每个 CIP 对象具有属性（数据）、服务（命令）、连接和行为（属性值与服务间的关系）。DeviceNet 支持基于连接的通信，这意味着网络上任意两个节点通信之前必须建立起连接，且连接可以动态建立和撤销。

DeviceNet 的物理接口可以在系统运行时连接到网络或从网络断开，并具有极性反接保护功能。此外，DeviceNet 设备有且只有一个标识对象类实例，该实例具有供应商 ID、设备类型等属性，并且必须支持特定的服务。DeviceNet 因其简单、廉价而且高效的通信能力，在工业自动化领域中得到了广泛应用。

**4. PROFIBUS 现场总线**

PROFIBUS 是一种广泛应用于工业自动化领域的高速现场总线技术，它支持周期性和非周期性通信，适用于设备级的数据传输和智能化设备所需的配置、诊断和报警处理。PROFIBUS 主要分为三个版本：PROFIBUS DP、PROFIBUS PA 和 PROFIBUS FMS，它们具有不同的应用特点和功能。

1）PROFIBUS DP（Decentralized Periphery）是用于现场设备与中央控制单元之间高速数据传输的协议。它支持周期性数据交换，并且可以进行智能化设备的非周期性通信。DP 版本使用 RS485 作为传输技术，支持波特率为 9.6kbit/s～12Mbit/s，适用于设备如 I/O、驱动器、阀门等。

2）PROFIBUS PA（Process Automation）是专为过程自动化设计，可以取代传统的 4～20mA 模拟技术。PA 版本基于 IEC 61158-2 传输技术，通过双绞线进行数据通信和供电，适用于本质安全的 EEx（欧洲使用的防爆标志）应用区域。

3）PROFIBUS FMS（Fieldbus Message Specification）主要适用于车间级智能主站间的通信，提供面向对象的通信服务。FMS 版本定义了应用层，包括 FMS 和低层接口（LLI），支持大数量的数据传输和智能站间的通信。

PROFIBUS 作为全球市场上领先的工业自动化现场总线，符合 IEC 61158/61784 标准，是一个通用、开放和坚固的现场总线系统。西门子提供了全面的产品与系统支持 PROFIBUS，包括网络组件、连接系统、通信模块和路由器。

PROFIBUS 总线技术在自动化领域的应用非常广泛，它不仅可以实现高速数据传输，还具有强大的诊断功能和灵活的系统配置选项。PROFIBUS 的设备配置可以通过电子设备数据库（GSD）文件来完成，这些文件由设备制造商提供，并在组态总线系统时自动使用。

PROFIBUS 的通信接口和主从站实现可以采用多种方式，从简单的微处理器配合协议芯片到专用的通信控制器。许多制造商提供了支持 PROFIBUS 协议的芯片，以适应不同的应用需求和性能要求。

## 1.3  工业以太网概述

### 1.3.1  工业以太网的由来

工业以太网一般来讲是指技术上与商用以太网兼容，但在产品设计时，在实时性、可靠性、环境的适应性等方面能满足工业现场的需要，是一种典型的工业通信网络。工业控制网络作为一种直接面向生产过程的特殊网络，肩负着工业生产一线的测量与控制信息传输的任务，它通常应满足强实时性、高可靠性、恶劣的工业现场环境适应性等特殊要求。

工业控制网络发展经历了 DCS、FCS、工业以太网等几个阶段。DCS 是工业控制系统的第一代主力军。随后，FCS 取而代之，开创了控制网络发展的新局面。FCS 具有较高的可靠性、实时性和抗干扰能力，并且结构简单、易维护、节省设备投资，这些特点使它在工业领域得到了广泛应用。但是由于 FCS 协议种类繁多，实现兼容与操作十分困难，现场总线开始转向以太网。以太网在工业企业信息化系统中的管理层、监控层得到了广泛应用，向下延伸应用于工业测控系统的现场设备层网络，成为工业控制网络发展的必然趋势。

### 1.3.2  工业以太网的特点

工业以太网价格低廉、稳定可靠、通信速率高。此外，PLC 上的工业以太网通信处理器也支持这种技术。然而，工业以太网和普通以太网在应用场景、可靠性要求和协议特性等方面存在差异。工业以太网主要应用于工业控制和自动化领域，如制造业、能源、交通运输等，需要满足更高的可靠性要求，以确保数据传输的稳定和实时性。同时，工业以太网也支持通用的以太网协议，如 TCP/IP 和用户数据报协议（UDP）等，以实现与其他网络的互联和通信。它的具体优势如下：

**1. 应用广泛**

工业以太网因其性价比较高而倍受关注，得到广泛的技术支持，最典型的应用技术是 Ethernet（以太网）+TCP/IP+Web。该类技术为所有的编程语言所支持，软硬件资源丰富，易与因特网（Internet）连接，实现办公自动化网络与工业控制网络的无缝集成。

**2. 工业级电源和总线供电技术**

工业级电源输出功率大，滤波功能完善，抗干扰能力强，电源采用冗余结构，可靠性高。采用总线供电技术减少了网络线缆，降低了安装复杂性和资金投入，提高了网络和设备的易维护性。

**3. 传输速率快**

目前，速率为 10Mbit/s 和 100Mbit/s 的工业以太网已广泛应用，1000Mbit/s 工业以太网技术逐渐成熟，10Gbit/s 的工业以太网也正在研究。在数据吞吐量相同的情况下，通信速率的提高意味着网络负荷的减轻和网络传输延时的减小，这意味着网络碰撞概率大大下降。

**4. 实时性**

工业以太网采用了全双工通信、交换机技术，使得接收和发送过程同时进行。此外，同步分散实时时钟协议以及高速通道协议等新技术的应用，也使实时性问题得到很好的解决。

**5. 工业适应性更强**

工业控制系统在设计时，提高了设备的可靠性，添加了速度更高的网络组态算法；采用智能管理系统对现场设备进行在线监视和诊断、维护管理，并在主干网络采用光纤通信以提高网络的抗干扰能力和可靠性。

**6. 网络安全性**

安全上采用两级防火墙，分别从外部和网络内部进行非法访问的屏蔽与限制。此外还利用登录控制、数据加密等多种安全机制加强网络安全管理。目前市场上已经有比较成熟的针对工业自动化控制网络安全软件，如 PROFIsafe、CIP Safety 等。

**7. 本质安全**

当前以太网应用的现场设备，通过增安、气密、浇封等多种防爆措施，来避免设备发生故障时不会使电火能量外泄，同时尽量采用低功耗的现场设备和交换机，从根源上保障系统的安全性。

**8. 后续功能扩展性好**

目前的工业以太网支持网络的视频传输、人机界面（HMI）及触摸屏都得到了及时应用，随着科技的进步，工业以太网还将开发出更多的应用。

### 1.3.3　工业以太网的标准

以太网是一种计算机局域网技术。由电气电子工程师协会（IEEE）组织的 IEEE 802.3 标准制定了以太网技术标准，规定了物理层连接、电子信号和介质接入层协议的内容。以太网现在是最流行的局域网技术，取代了令牌环、光纤分布式数据接口（FDDI）、ARCNET（一种令牌总线网络）等其他局域网技术。以太网是世界上使用最广泛的局域网技术。日常生活中的网络是以太网，通常说的交换机，专业名称应该叫以太网交换机，通常的光纤交换机也使用以太网技术，只是传输介质由网线改为光纤。

IEEE 802.3U 是 IEEE 制定的关于有线以太网的物理层和数据链路层介质访问控制（MAC）的标准集合。IEEE 802.3U 是继 10Mbit/s 以太网之后的发展，它通过提高传输速率，满足了更快速的数据传输需求。这个标准定义了多种速率和不同类型的传输介质，包括铜缆和光纤。IEEE 802.3U 标准于 1995 年被通过，它将快速以太网的带宽扩大到 100Mbit/s，并定义了几种传输方式，包括 100Base-Tx、100Base-Fx 和 100Base-T4。随着技术的发展，现在还有千兆以太网（1000Mbit/s）和万兆以太网（10Gbit/s）等更高速的以太网标准。IEEE 802.3U 标准是快速以太网的基础，它通过定义以太网的传输速率和多种传输介质，为现代网络通信提供了重要的技术支撑。

虽然工业以太网也符合国际标准，即 IEC 61784 系列标准，但是工业以太网不都是标准的以太网，即这些工业以太网并不都是符合 IEEE 802.3U 标准的，这其中只有 Modbus TCP 和 EtherNet/IP 符合 IEEE 802.3U（只有符合 IEEE 802.3U 标准的，将来才能与信息技术（IT）和以太网相兼容）。工业以太网采用 TCP/IP，并与 IEEE 802.3 标准兼容，但在应用层会根据实际控制需求加入各自特有的协议。它是一种针对工业控制系统应用的以太网技术，可以实现高速、可靠、实时的数据传输和通信。

相较于传统的工业通信协议，工业以太网具有更高的数据传输速度、更强的互连性与可扩展性，能够将不同类型的设备和系统连接在同一网络中，从而提高生产效率和管理水平。这些工业以太网标准各有特点，适用于不同的工业自动化应用场景。在选择适合的工业以太网技术时，需要考虑具体的应用需求、设备兼容性、通信速率、实时性要求等因素。

不符合 IEEE 802.3U 标准的工业以太网，它们根据工业控制的实际需求，从硬件或软件上对以太网进行了修改，不满足以太网的基本标准，因此已经不是以太网了。

## 1.3.4　主流工业以太网介绍

工业环境中使用的网络不仅需要具有以太网的通用性和灵活性，同时还对实时性、可靠性、耐用性和抗干扰性提出了较高的要求。目前主流的几种主要工业以太网技术，能很好适应工业环境的需求，提供高性能、高可靠的通信，应用较为广泛。

**1. EtherCAT**

EtherCAT 也就是以太网控制自动化技术，名称中的 CAT 为 Control Automation Technology（控制自动化技术）首字母的缩写。它采用标准的以太网数据帧和符合 IEEE 802.3 标准的物理层，专为工业自动化领域设计，满足硬实时性需求，可以处理多个节点的少量周期性过程数据，并兼顾硬件成本。EtherCAT 能够实现高效率的数据传输，其报文的最大有效数据利用率可以达到 90% 以上，理论上由于采用全双工特性，有效数据利用率可以超过 100Mbit/s。

EtherCAT 的主站是网段内唯一能够主动发送 EtherCAT 数据帧的节点，它使用标准的以太网介质访问控制器（MAC），无需额外的通信处理器，这使得任何集成了以太网接口的硬件平台都可以实现 EtherCAT 主站的功能，而与所使用的实时操作系统或应用软件无关。

EtherCAT 支持灵活的拓扑结构，包括线形、树形、星形和菊花链形，允许带有成百上千个节点的网络结构，不受级联交换机或集线器的限制。此外，EtherCAT 还支持热插拔功能，即在运行过程中可以连接或断开网络段或独立节点，具有很高的灵活性和可靠性。

EtherCAT 的应用非常广泛，包括但不限于机器人、机床、包装机械、印刷机械、塑料生产设备、冲压机、试验台、拾放设备、测量系统、发电厂、变电站、物料搬运应用等众多领域。通过 EtherCAT，可以实现快速反应，提高应用效率，减少系统配置时的网络调试需求，同时降低系统成本。

**2. EtherNet/IP**

EtherNet/IP 是一个面向工业自动化应用的工业应用层协议。EtherNet/IP 得到了工业自动化开放网络联合会（IAONA）、工业以太网协会（IEA）、国际控制网络（CI）、开放设备网络供应商协会（ODVA）等组织的支持。EtherNet/IP 采用以太网的物理层、数据链路层及TCP/IP。它建立在标准 UDP/IP 与 TCP/IP 之上，利用固定的以太网硬件和软件为配置、访问和控制工业自动化设备定义了一个应用层协议。EtherNet/IP 的优势在于其广泛的应用和开放的标准，使得不同制造商的设备可以无缝集成。

EtherNet/IP 最具特色的部分为其应用层和用户层的控制和信息协议（Control and Information Protocol，CIP）。CIP 由对象建模、信息协议、通信对象、对象库、设备描述、设备配置方法和数据管理等部分组成。顶层公共规范 CIP 的功能组成如图 1-1 所示。

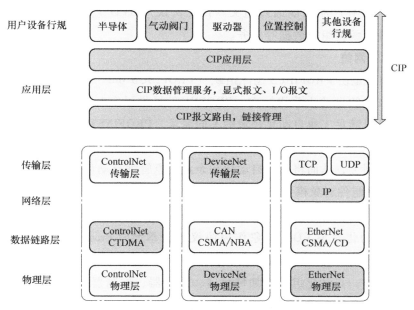

图 1-1  顶层公共规范 CIP 的功能组成

从图 1-1 可以看到，CIP 包括了 DeviceNet、ControlNet 和 EtherNet/IP 的顶层公共规范，是独立于物理媒体和数据链路层的面向对象的协议，可实现这三种不同网络的互连，提供工业现场设备如传感器、执行器和高端设备（控制器）之间的通信。CIP 规范支持多处理器结构，任何一个处理器既可"拥有"自己的 I/O 或设备，又可监听网络上设备的输入和输出，与其他控制器进行实时互锁或对等通信。CIP 数据传输采用"生产者/消费者"模式来提高网络通信效率。EtherNet/IP 具有三种最基本的功能。

（1）实时控制

基于控制器或智能设备内所存储的组态信息，通过网络通信中的状态变化来实现实时控制，可提供操作或过程中的实时工厂级数据交换。

（2）网络组态

通过总线既可实现对同层网络 EtherNet/IP 的组态，也可实现对下层网络 DeviceNet 和 ControlNet 的组态。网络组态可以在网络启动时进行，而设备参数修改或控制器逻辑修改也可以在线通过网络实现。

（3）数据采集

可基于既定节拍或应用需要来方便地实现数据采集。所需要的数据通过人机接口显示，包括趋势和分析、配方管理和系统故障等。

应用于控制场合的 EtherNet/IP 网络拓扑一般采用有源星形拓扑 10/100Mbit/s，成组的设备采用点对点方式连接到以太网交换机。交换机是整个网络系统的核心。EtherNet/IP 现场设备具有内置的网络服务器（Web Server）功能，不仅能够提供万维网（WWW）服务，还能提供诸如电子邮件等网络服务，其模块、网络和系统的数据信息可以通过网络浏览器获得。EtherNet/IP 的现有产品已能通过超文本传送协议（HTTP）提供诸如读写数据、读诊断、发送电子邮件、编辑组态数据等服务。

**3. PROFINET 网络**

PROFINET 网络是由 PROFIBUS 国际组织（PROFIBUS International，PI）推出的新一代基于工业以太网技术的自动化总线标准。PROFINET 提供了实时通信、非实时通信和 IT 通信等多种服务，可以满足工业自动化领域的不同需求。PROFINET 是用于 PROFINET 纵向集成的、开放的、统一的完整系统解决方案，它能将现有的 PROFINET 网络通过代理（Proxy）服务器连接到以太网上，从而将工厂自动化和企业信息管理自动化有机地融为一体。

PROFINET 采用组件对象模型/分布式组件对象模型（COM/DCOM）技术，通过优化的通信机制来满足实时通信的要求。以对象的形式表示的 PROFINET 组件根据对象协议交换其自动化数据。自动化对象 COM 对象作为协议数据单元（Protocol Data Unit，PDU），以 DCOM 协议定义的形式出现在现场总线上。

在 PROFINET 中，自动化组件（如传感器、执行器、控制器等）可以通过不同的配置文件来实现标准化的通信和功能。ACCO 在 PROFINET 通信标准中指的是一种特定的配置文件，用于定义设备如何与 PROFINET 网络进行通信。ACCO 是 PROFINET 设备描述（Device Description）中的一个配置文件，它定义了设备的基本属性和通信参数。这些参数可能包括设备的类型、支持的通信速度、最大传输单元（MTU）大小，以及如何通过 PROFINET 网络进行寻址等。ACCO 配置文件确保了不同制造商生产的设备能够以一种标准化的方式进行通信和集成。

在实际应用中，ACCO 配置文件通常与设备的 GSDML（Generic Station Description Markup Language，通用站描述标记语言）文件一起使用。GSDML 文件是一种 XML（可扩展标记语言）格式的文件，用于描述 PROFINET 设备的特性和参数，从而简化了工程实施过程，并提高了系统的互操作性。连接对象活动控制（Active Connection Control Object，ACCO）确保已组态的互相连接的设备间通信关系的建立和数据交换。PROFINET 构成从它的 I/O 层直至以太网的基于组件的分布式自动化系统的体系结构方案。在该方案中，通过以太网 TCP/

IP 访问 PROFINET 设备是由 Proxy 使用远方程序调用和 DCOM 来实现的。Proxy 既代表了

PROFINET 用户，又代表了工业
以太网上的其他 PROFINET 用
户。基于以太网的 PROFINET
三种通信应用如图 1-2 所示。

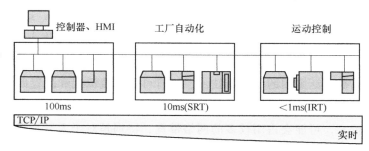

图 1-2  PROFINET 三种通信应用

PROFINET 网络具有以下几
个特点：

1）TCP、UDP 和 IP 是非实
时通信，用于非时间紧要数据的
传输，如参数分配和配置。

2）软实时（Soft Real Time，SRT）用于工厂自动化等场合的时间紧要过程数据的传输。

3）等时同步实时（Isochronous Real-Time，IRT）用于运动控制等特殊复杂的需求中。

对于用户而言，PROFINET 可以使网络与设备组态、试运行、操作和维护更为简便。
PROFINET 能够满足向分布式自动化系统发展的趋势，为日趋全球化和互联网日益普及的世
界提供了一种灵活而且面向未来的自动化途径。

**4. Modbus TCP**

Modbus TCP 是简单的用于管理和控制自动化设备的 Modbus 系列通信协议的派生产品。
MODBUS TCP 因其简单性和普及性，在工业自动化领域得到了广泛应用。Modbus TCP 是由
施耐德（Schneider）公司于 1999 年公布的。Modbus TCP 基本上没有对 Modbus 协议本身进
行修改，只是为了满足控制网络实时性的需要，改变了数据的传输方法和通信速率。
Modbus TCP 网络结构如图 1-3 所示。

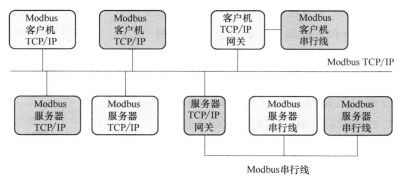

图 1-3  Modbus TCP 网络结构图

典型的 Modbus TCP 网络包括连接到 Modbus TCP 网络上的客户机和服务器，用于 Modb-
us TCP 网络和串行线子网互连的网桥、路由器或网关等互连设备。Modbus TCP 网络以一种
非常简单的方式将 Modbus 帧嵌入到 TCP 帧中，在应用层采用与常规的 Modbus RTU（远程
终端）协议相同的登记方式。Modbus TCP 采用一种面向连接的通信方式，即每一个呼叫都
要求一个应答。这种呼叫/应答的机制与 Modbus 的主/从机制相互配合，使 Modbus TCP 交

换式以太网具有很高的确定性。Modbus TCP 允许利用网络浏览器查看控制网络中设备的运行情况。施耐德公司已经为 Modbus 注册了 502 端口，这样就可以将实时数据嵌入到网页中。通过在设备中嵌入 Web Server，即可将 Web 浏览器作为设备的操作终端。

但是，Modbus TCP 本身尚存在一些缺陷，它不支持诸如基于对象的通信模型等一些正在被广泛采用的网络新技术，没有可供下载编程和配置的标准，用户在使用的时候，不得不手工配置一些参数，如信息数据类型、寄存器号等。另外，其通信基于 TCP/IP，头部开销较大，可能会占用较多的网络带宽，特别是对于大量小数据包的传输，效率不高。由于 TCP 的确认机制，Modbus TCP 在数据传输过程中可能存在一定的延迟，这对于实时性要求高的工业控制应用不够理想。Modbus TCP 在数据传输时，如果出现丢包或者数据包错误，它依赖于应用程序来处理这些异常情况，而不是在协议层面上进行自动恢复。虽然可以添加安全套接层（SSL)/传输层安全协议（TLS）等加密手段增强安全性，但如果没有加密，数据在传输过程中容易受到中间人攻击，且默认情况下 Modbus TCP 不支持用户认证。尽管 Modbus TCP 是标准协议，但不同制造商的设备实现可能有差异，可能导致兼容性问题。对于嵌入式设备，Modbus TCP 可能需要更多的处理器和内存资源，对于资源有限的设备来说可能是个挑战。

**5. 高速以太网**（HSE）

HSE 是现场总线基金会对 FF H1 的高速网段的解决方案。HSE 的物理层与数据链路层采用 100Mbit/s 以太网规范，网络层采用 IP，传输层采用 TCP、UDP，而应用层是独具特色的现场设备访问（Field Device Access，FDA）。HSE 使用的用户层与 H1 的相同，可实现模块间的相互操作并可调用 H1 开发的模块和设备描述。FF 的有关 HSE 的技术规范包括高速以太网、以太网在线、现场设备访问、HSE 系统管理、HSE 冗余、HSE 网络管理和 HSE 行规。值得指出的是，HSE 不仅包括应用层，还包括标准的应用过程。也就是说，HSE 不仅定义了通信、数据类型和目标结构，也包括功能块图编程语言，允许用户组建控制方案，使不同制造商提供的设备组成网络。HSE 网络结构如图 1-4 所示。

HSE 的核心部分是链接设备（Linking Device），链接设备将 31.25kbit/s 的 HI 网段与 100Mbit/s 的 HSE 主干网连接起来，通过链接设备，主机系统可对连接到链接设备的子系统 H1 网段进行组态和监控。当然，主机系统也需对连接到以太网交换机上的 HSE 设备如 PLC、I/O 等外设进行组态和监控。链接设备既有网桥又有网关的功能。其网桥的功能是，能够使连接在其上的不同 H1 网段的设备之间互相通信。另外，它可承担网络中的时间发布和链路活动调度器的功能。其网关的功能是，能够实现 H1 网段的设备与 HSE 设备之间的互相通信。借助链接设备的网关功能，现场总线基金会将

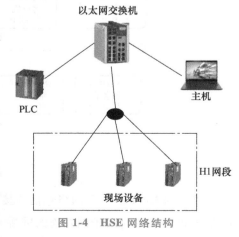

图 1-4　HSE 网络结构

HSE 定位于使控制网络集成到世界通信系统 Internet 的思想得以实现。链接设备一方面将远程 H1 网段的现场信息传送到 HSE 主干网上，并进一步送到企业的企业资源计划（ERP）和管理系统，操作人员可以在主控制室直接使用网络浏览器等工具查看现场设备的运行情况，另一方面将控制信息从 HSE 主干网上送至 H1 的现场设备。在这里，链接设备完成封装工作，并将 H1 地址转换成 IPv4/IPv6 的地址或者将 IPv4/IPv6 的地址转换为 H1 地址。HSE 的目标之一是实现离散/批量/混合控制，为此开发了专用的 HSE 功能模块，即 8 通道模拟输入输出模块、8 通道离散输入输出模块，同时还开发了柔性功能模块。通过柔性功能模块可实现高级控制，如驱动协调控制、监督数据采集、批量顺控、燃烧管理、PLC—PLC 通信等，并可与非 FF 总线的网络系统相连接。HSE 支持对交换机、链接设备的冗余配置与接线，也支持危险环境下的本质安全。

主流工业以太网 HSE、EtherNet/IP、PROFINET、Modbus TCP 均有自己的底层网络，如 H1、DeviceNet 或/和 ControlNet、PROFIBUS DP 或/和 PROFIBUS PA、Modbus。可以预计，工业以太网会与其底层网络协同发展，并获得越来越广泛的应用。

## 1.4　工业控制网络的特点和最新技术

### 1.4.1　工业控制网络的特点

工业控制网络面向工程实际，根据功能的差异性，需要满足的参数特性也各有不同，但总体来说需要满足以下几个方面：

1）实时性：工业控制网络不仅要求传输速度快，而且在工业自动化控制中还要求响应快，即响应实时性要好，一般为毫秒级到 0.1s 级。这种实时性可确保工业控制系统能够及时地响应和处理各种事件。

2）可靠性：工业控制网络需要能够在工业控制现场稳定、可靠地运行。这包括耐冲击、耐振动、耐腐蚀、防尘、防水以及较好的电磁兼容性。在网络出现故障时，它能够在很短的时间内重新建立新的网络链路，保证系统的连续运行。

3）简洁性：工业控制网络的设计追求简洁，以减小软硬件开销，从而降低设备成本，提高系统的健壮性。这种简洁性有助于减少系统的复杂性，提高系统的可维护性和可靠性。

4）开放性：工业控制网络应尽量避免采用专用网络，以提高网络的开放性和互操作性。这有助于实现不同设备之间的互连互通，方便系统的扩展和升级。

此外，工业控制网络还强调数据通信与实时响应事件的配合，具有很高的数据完整性。在电磁干扰和有地电位差的情况下，网络也能正常可靠地工作。这些特点使得工业控制网络在安全方面面临一些独特的挑战。例如，由于网络的开放性和实时性，工业控制网络可能更容易受到网络威胁和攻击。因此，在工业控制网络的设计和运行过程中，需要采取专门的安全防护措施，以确保系统的安全性和可靠性。

## 1.4.2　OPC UA 工业应用技术概述

工业控制领域存在一个很普遍的现象，就是通信协议多种多样，如西门子的 S7-200 的 S7PPI（点到点接口）协议、S7-300 的 PROFIBUS 协议、S7-400 的工业以太网协议、S7-1200 的 PROFINET 协议等，不同制造商的 PLC 通信协议不同，同一制造商不同型号的 PLC 通信协议也不相同，现场设备，如电表、水表、热表、水泵、变频器、控制器，只要是涉及通信的，协议都不尽相同。相比较而言，只有 Modbus 通信协议相对统一，但是这个协议也是一个通信框架，具体到不同制造商，其设备的通信点表也是不同的。所以在工业控制领域，就衍生了一种 SCADA（监控与数据采集系统）软件，这种软件最重要的功能就是集成了各种制造商设备的通信协议驱动，实现与设备的通信。随着物联网时代的到来，多协议类型不方便设备接入物联网平台，所以急需一种统一化的通信协议，OPC UA 的目的就是提供一种统一的通信协议，方便系统集成、物联网设备接入。

OPC UA 中，OPC 的全称为 OLE for Process Control，意为"用于过程控制的 OLE"，UA 的全称是 Unified Architecture，意为"统一架构"。它代表了工业自动化领域的重大进步，提供了一个完整、安全、可靠的跨平台架构，以获取实时和历史数据以及时间信息。为了便于自动化行业不同制造商的设备和应用程序能相互交换数据，定义了一个统一的接口函数，就是 OPC 协议规范。OPC 是基于 Windows COM（组件对象模型）/DOM（文档对象模型）的技术，可以使用统一的方式去访问不同设备制造商的产品数据。简单来说，OPC 就是为了便于在设备和软件之间交换数据。

工业控制领域用到大量的现场设备，在 OPC 出现以前，软件开发商需要开发大量的驱动程序来连接这些设备。即使硬件供应商在硬件上做了一些小小改动，应用程序也可能需要重新编译。同时，由于不同设备甚至同一设备不同单元的驱动程序也有可能不同，软件开发商很难同时对这些设备进行访问以优化操作。为了消除硬件平台和自动化软件之间互操作性的障碍，建立了 OPC 软件互操作性标准，开发 OPC 的最终目标是在工业控制领域建立一套数据传输规范。

OPC UA 的出现为工业自动化领域带来了许多变革。它不仅提高了系统的安全性和可靠性，还降低了系统的复杂性和维护成本。同时，OPC UA 的广泛应用也促进了工业自动化技术的不断发展和创新。

在技术实现上，OPC UA 基于面向服务的体系结构（SOA），使得系统更加模块化和灵活。同时，OPC UA 也遵循国际电工委员会（IEC）和电气电子工程师协会（IEEE）的国际标准，为工业互联网网络体系的构建提供了标准化的模块，其目的是把 PLC 特定的协议，如 Modbus、PROFIBUS 等抽象成为标准化的接口，作为"中间人"的角色把其通用的"读写"要求转换成具体的设备协议，反之亦然，以便 HMI/SCADA 系统可以对接。通过使用 OPC 协议，终端用户就可以毫无障碍地使用最好的产品来进行系统操作。OPC UA 具有如下几个显著特点：

1）平台独立性：OPC UA 的设计不依赖于特定的操作系统、编程语言或硬件平台，从而确保了其在各种环境中的广泛适用性和互操作性。

2）安全性：OPC UA 提供了高级别的安全特性，包括数据加密、访问控制和身份验证等，以确保工业自动化系统的安全稳定运行。

3）可靠性：OPC UA 通过其强大的通信机制和错误处理能力，确保了数据传输的可靠性和稳定性。

4）扩展性：OPC UA 的架构允许用户根据实际需求进行定制和扩展，从而满足不断变化的工业自动化需求。

5）互联网连接能力：OPC UA 支持通过互联网进行远程访问和数据交换，为工业自动化系统提供了更大的灵活性和便捷性。

OPC UA 采用了现代化的网络通信技术，基于 Web 服务和互联网技术，它使用了一种称为"面向对象"的方式来描述设备和系统之间的通信。OPC UA 的连接原理如图 1-5 所示。

在 OPC UA 中，每个设备和系统都被抽象为一个对象，这些对象有自己的属性、方法和事件。通过读取和写入对象的属性，调用对象的方法，以及监听对象的事件，设备和系统可以进行数据交换和控制操作。此外，OPC UA 还提供

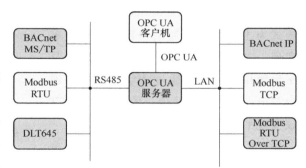

图 1-5　OPC UA 的连接原理

了多种传输方式，如 TCP/IP、HTTPS（超文本传输安全协议）等，可以根据实际情况选择最适合的传输方式。同时，OPC UA 还提供了安全机制，确保通信的安全性和可靠性。OPC UA 广泛应用于工业自动化和物联网领域，为各种行业带来了许多好处，包括以下典型的应用场景：

1）数据采集和监控：通过 OPC UA，可以方便地从不同设备和系统中收集数据，并进行实时监控和分析。这对于工业过程的优化和问题排查非常有帮助。

2）设备集成和互操作：OPC UA 使得不同制造商生产的设备可以无缝集成。无论是机器人、传感器还是控制系统，只要支持 OPC UA，它们就可以相互协作，提高生产效率和灵活性。

3）云平台连接：通过 OPC UA，工业设备可以与云平台进行连接，实现远程监控和管理。这为远程诊断、远程维护等提供了非常大的便利，同时也为数据分析提供了更多的可能性。

OPC UA 作为一种开放、统一的通信协议，在工业自动化领域扮演着重要的角色。通过实现设备互连、统一架构和跨平台集成，OPC UA 为工业系统的高效运作和智能化提供了基础。相信随着技术的不断发展，OPC UA 将继续推动工业自动化的进步，为各行各业带来更多的创新和便利。

## 1.4.3 基于 MQTT 协议的物联网技术概述

物联网就是通过一系列特定的装置与通信手段，将人和物以及网络紧密地联系在一起，实现人对不同目标对象，如整体的工业设备、设备上的信息传感器等的指令下达，以及这些目标对象对人的数据反馈。当前，随着各行各业对及时处理以及精确处理要求的不断提高，物联网技术在各个行业的嵌入形成了不可阻挡的趋势。

物联网设备涉及的行业十分广泛，设备终端采用的接口、技术和数据传输协议没有统一规定，设备要上传的数据类型和用户要下发的命令往往存在很大差异，造成了异构应用场景的物联网设备缺乏统一管理，还有管理平台的可扩展性差等问题；另外，物联网系统中设备和用户之间的对应关系往往十分复杂，一对多和多对多的情况十分常见，造成了管理关系的混乱和实用性差。

MQTT（消息队列遥测传输）协议是以发布/订阅（Publish/Subscribe）的消息传递模式为主的物联网通信协议，具有简单易实现、支持可调 QoS（服务质量）以及跨平台使用的优点，通过 MQTT 协议实现平台与设备端之间的通信。图 1-6 为 MQTT 协议实现平台与设备端连接原理。

MQTT 协议自 IBM 公司于 1999 年发布以来至今，已经在医疗仪器、智能家电、卫星链路通信传感器等方面拥有了大量使用实例，在某些不适合人类工作的环境中，MQTT 协议适用于高延时、低带宽的特点，使它对于机器与机器（Machine to Machine，M2M）通信和物联网（IoT）通信有着更为重要的作用。MQTT 协议具有以下特点：

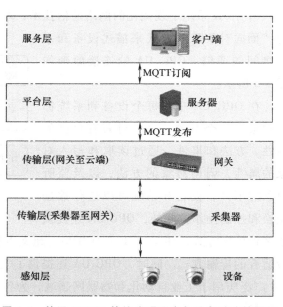

图 1-6 基于 MQTT 协议实现平台与设备端连接原理

1）使用发布/订阅消息传递模式，能够实现一对多发布消息，避免应用程序耦合现象。

2）能够实现对消息订阅者接收的消息内容做出一定屏蔽。

3）使用 TCP/IP 提供网络连接，能够兼容大多数网络设备。

4）支持消息发布和订阅服务质量的动态调整。QoS0（至多一次），即消息可能会丢失或重复发送；QoS1（至少一次），即可能需要重复发送来保证消息到达；QoS2（只有一次），即确保发送的消息能够一次到达，耗费带宽最大。

5）属于小型传输，占用带宽很小（单次消息的帧头长度为 2B），最简化协议交换，减少流量开销。

6）提供遗嘱机制和心跳机制，当有客户端连接异常中断时，能够发出提醒。

### 1.4.4　5G 技术在工业控制网络中的应用概述

5G 技术的全称是第五代移动通信技术，作为在 4G 移动通信技术之上的延伸和升级优化成果，在理论研究中发现，其运行速度可以达到 10Gbit/s，下载速度能够达到 1.25Gbit/s，相比于 4G 移动通信技术，其运行参数有了大幅度提升，进一步优化了相关性能的同时，提高了整体的数据传输速度，并保证传输过程的稳定性和安全性，能够有效避免以往 4G 移动通信网络存在的延迟问题。不仅如此，还能够有效降低在网络数据传输中所消耗的能源，进而降低整个网络系统运行所要支出的成本，为更大规模设备连接到网络系统提供了有力支持和技术环境保障。5G 技术应用场景包括以下几种：

**1. 工业智能制造**

工业发展水平决定着国家综合实力，也是科技文明与人类社会发展的重要基础，随着社会生产力水平的不断提高，需要更先进智能的工业制造实力来满足广大人类生存与发展的需要。第三次工业革命的到来，缔造了数字化与智能化的时代新技术，而 5G 技术起着重要支撑作用，其中，最突出的就是 5G 技术在互联网通信网络的构建上，可以超越无线网络、有线网络以及蓝牙等传输技术，使工业生产过程中的移动通信质量更高。智能化制造工业生产场景的多元化发展对网络系统的延时性提出了更高的要求，5G 技术很好地解决了工业智能制造场景下的传感器设备的网络问题，提高了工业生产设备的运行精度水平，可以预见 5G 技术在工业智能制造上的广阔应用前景。

**2. 智慧城市建设**

当前，我国城市化建设水平不断提高，逐步促成了智慧城市体系的建设。作为复杂多元的体系，智慧城市体系离不开云平台、智能硬件和各类移动应用，以垂直管理智慧城市的不同模块，如交通、监控、门禁等。在智慧城市的建设和实际运行中，各个模块的独立运行需要保持较强的互联水平，这就需要借助 5G 技术，不断提高智慧城市的建设水平。

**3. VR/AR**

VR/AR（虚拟现实/增强现实）技术基本功能的实现（例如头部运动跟踪、语音识别、手势感应等功能的应用）离不开低延时无线网络传输状态。将 5G 技术应用于 VR/AR 的相关应用领域，不仅能够提升 VR/AR 技术的实际应用水平，还能有效扩展 VR/AR 技术的应用范围，将其更好地应用在远程医疗服务、舞台技术以及视觉传达设计等场景中。

**4. 人工智能**

5G 技术与人工智能技术之间的关系是相互促进、相辅相成的，就人工智能来说，5G 技术的应用水平不断提高，进一步提升了人工智能系统在运行过程中的响应速度，很大程度上扩充了人工智能的应用范围，使其内容更丰富，为客户提供了更优良的使用体验。可以说，人工智能领域应用短板的补齐要归功于 5G 技术。人工智能技术的发展也同样为 5G 技术提供了技术方面的理论与实践支撑，在人工智能的应用场景中有效地提升了 5G 技术的自动化水平和智能化水平，保证了 5G 技术的良好运行状态。

5G 技术作为在工业控制网络中不可或缺的无线数据链路，得到了非常广泛的应用，应用领域主要体现在以下几个方面：

1）数字化决策分析：基于 5G 网络的系统可以实现对企业生产全过程数据的采集和分析。在数据分析的基础上，企业可以根据需要对各个分厂的生产等进行科学控制，从而达到减少生产成本、提高生产效率的效果，还可以实现对生产的整体控制。

2）大数据分析应用：借助于 5G 网络，可以将企业原有的生产数据进行分析，在此基础上建立相应的生产模型和系统设计，为提高生产质量提供支撑，为提高生产的精确性和有效性打下基础，减少生产过程中的误差。

3）机器视觉分析应用：利用 5G 网络以及机器视觉技术，可以针对工业生产过程中的各种细节进行精准监测，如在生产过程中的打包、材料的使用、材料颗粒的大小、工业设备链条的磨损情况等，还可以实现对禁入区的检测，这有助于替代传统的人工作业，达到更好的检测准确度。

4）工业设备的物联网建设：通过 5G 网络，工业设备可以实现物联网连接，使得设备之间的通信和数据共享变得更加高效和可靠。

5）远程数据的采集和控制以及可视化：利用 5G 网络的高带宽和低延迟特性，可以实现远程数据的实时采集和监控，以及对工业设备的远程控制。这可以大大提高工业生产的灵活性和效率。

6）工业生产过程的现场巡检：通过 5G 网络，可以实现对工业生产现场的实时视频监控和数据分析，从而及时发现和解决生产过程中的问题。

7）物流的精准追踪：利用 5G 网络的高速度和大连接特性，可以实现对物流信息的实时追踪和更新，提高物流效率和准确性。

## 习 题

1. 简述工业控制网络技术发展的几个阶段。
2. 什么是现场总线？简述现场总线所具有的特点。
3. 分布式控制系统与计算机集中控制系统相比有哪些优势？
4. 列举至少四种主流现场总线，叙述各自的技术特点。
5. 什么是 OPC UA 工业应用技术？简述该技术具有的特点。
6. MQTT 指的是什么？简述其具有的特点。
7. 简述 5G 技术的优势及其应用场合。
8. 简述现场总线发展的现状。

科学家科学史
"两弹一星"功勋科学家：最长的一天

# 第 2 章

计算机网络基础

PPT 课件　　　课程视频

## 2.1 数据通信基础

### 2.1.1 数据编码技术

数据（Data）是事实或观察的结果，是对客观事物的逻辑归纳，是用于表示客观事物的未经加工的原始素材。数据可以是连续的值，如声音、图像，这称为模拟数据；也可以是离散的，如符号、文字，这称为数字数据。数据分为两大类：模拟数据也称为模拟量，取值范围是连续的变量或数值；数字数据也称为数字量，取值范围是离散的变量或数值。在数据采集、传输、保存、处理过程中经常会面对对其进行编码的过程。

在数据长短距离传输过程中，为了使信源产生的数据能够在相应信道上传输，在源系统端需要有信号变换设备，将信源产生的原始数据转换为适合在信道上传输的信号。同样，为了使信宿能够接收并处理信道上传输过来的信号，在目的系统端也需要信号变换设备，将信道上传输的信号转换为适合被信宿处理的数据。在上述过程中需要用到数据编码技术。数据常见的几种编码转换方式如图 2-1 所示。

**1. 模拟编码**

这种编码方式主要针对模拟信号，该类信号在时间上和幅值上均是连续的，在一定动态范围内幅值可取任意值。工程实际中的许多物理量都反映的是模拟信号，例如声音、压力、温度等均可通过相应的传感器转换为时间连续、数值连续的电压或电流。早期的电信通信多采用 AM（幅度调制）、FM（频率调制）等方式，将模拟信号转换为电信号进行传输。这种转换可通过硬件电路直接实现，但信号转换和传输过程中对噪声较敏感，易受干扰。

**2. 数字编码**

数字信号与模拟信号相对应，它是时间和幅值均离散、不连续的信号。数字信号的特点是幅值只可以取有限值。随着计算机技术的高速发展，数字编码的应用越来越重要。计算机

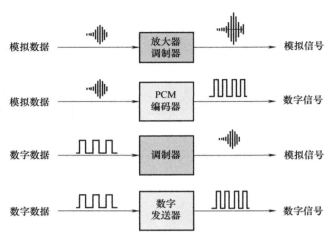

图 2-1 数据常见的几种编码转换方式

通信编码技术是指在计算机网络或通信系统中，将原始数据，如文字、图像、音频或视频等转换为适合在物理媒介上传输的形式的过程。这个过程包括将信息转换成数字形式，以便于电子设备处理，并确保数据在传输过程中能够准确无误地被接收。通过这些编码技术，计算机可以在复杂的网络环境中保证数据的准确性和完整性，即使在存在干扰或错误的情况下也能尽可能地恢复原始信息。

编码在计算机通信中同样扮演着关键角色，它确保了数据在传输过程中的准确性和一致性，提高了通信系统的稳定性和可靠性。数字编码方式非常灵活，基于强大的计算机技术，当代广泛采用的是数字编码方式，通常先将连续的模拟信号转换为离散的数字信号，然后再进行相应处理。常见的数字编码处理方式见表 2-1。

表 2-1 常见数字编码处理方式

| 编码方式 | 变换内容 |
| --- | --- |
| 脉冲编码调制<br>（Pulse Code Modulation，PCM） | 将模拟信号采样、量化和编码为一系列二进制码 |
| 曼彻斯特编码 | 一种自同步的双相编码，每个比特由一个上升沿和下降沿组成 |
| 差分曼彻斯特编码 | 曼彻斯特编码的一种改进，提高了抗干扰能力 |
| HDB3 编码 | 一种平衡的编码方式，增加了零比特以提高抗干扰性 |
| NRZI<br>（Non Return to Zero Invert）编码 | 非归零反转编码，只有在信号从高电平跳转到低电平时才表示 1，反之表示 0 |
| 基带编码 | 数字通信中的一种信号编码技术，用于在没有频率变换的情况下，将数字数据转换为适合在通信信道上传输的信号，具体处理可能使用 NRZ（Non Return to Zero，不归零编码）、NRZI、RZ（Return to Zero，归零编码）等编码方式 |
| 频带编码 | 将数据信号通过调制技术（如幅度调制、频率调制或相位调制）加载到高频载波上进行传输，如 QAM（正交幅度调制）、FSK（频率移键键控）和 PSK（相移键控）等 |
| 纠错编码 | 用于检测和纠正数据传输中的错误，如 CRC（循环冗余校验）、汉明码、Turbo 码、LDPC（低密度奇偶校验码）等 |

（续）

| 编码方式 | 变换内容 |
| --- | --- |
| 压缩编码 | 为了减少数据量,提高传输效率,常见的有 JPEG、H. 264/AVC、H. 265/HEVC 等视频编码,以及 GIF、PNG、JPEG2000 等图像编码 |
| 流编码 | MPEG-2、H. 264 等,主要用于实时音视频流传输 |

## 2.1.2　数据传输技术

数据传输也称为数据通信,是指按照一定的规程,通过一条或者多条数据链路,将数据从数据源传输到数据终端的过程。这个过程的主要目的是实现点与点之间的信息传输与交换。在当今的信息时代,无论是互联网、物联网、云计算还是大数据技术,数据传输都是其核心基础之一。

数据传输的核心原理在于利用不同的通信协议和传输方式,确保数据能够在不同的设备之间安全、可靠、高效地进行传输。这其中涉及许多技术细节,如数据的编码方式、传输介质的选择、信号的处理等。数据传输是现代科技的核心,它支撑着我们日常生活的各个方面,极大地提高了信息的获取、处理和分享的效率。数据传输可以根据不同的标准和应用场景进行分类,常见的数据传输分类见表 2-2。

表 2-2　常见的数据传输分类

| 分类方法 | 分类项 | 内容说明 |
| --- | --- | --- |
| 按传输介质 | 有线传输 | 如以太网(使用双绞线或光纤)、同轴电缆、USB 等 |
| | 无线传输 | 如 Wi-Fi、蓝牙、蜂窝网络(移动通信)、卫星通信等 |
| 按数据传输方式 | 单工通信 | 数据只能在一个方向传输,如无线电广播 |
| | 半双工通信 | 数据可以双向传输,但不能同时进行,如对讲机 |
| | 全双工通信 | 数据在两个方向上同时传输,如以太网和电话线路 |
| 按数据传输速率 | 低速传输 | 如 RS232(9600 波特率)、USB 1.1(12Mbit/s) |
| | 高速传输 | 如 USB 2.0(480Mbit/s)、USB 3.0(5Gbit/s)、以太网(千兆、万兆等) |
| | 超高速传输 | 如 USB 3.1(10Gbit/s)、Thunderbolt(40Gbit/s)和光纤通道(FC) |
| 按网络层次 | 物理层 | 如电信号、光信号等的传输 |
| | 数据链路层 | 如局域网(LAN)的帧传输 |
| | 网络层 | 如 IP 数据包的路由 |
| | 传输层 | 如 TCP/IP 的端到端连接 |
| | 应用层 | 如 HTTP、FTP(文件传输协议)等应用数据传输 |
| 按传输类型 | 实时传输 | 如语音通话、视频会议,需要即时响应 |
| | 批量传输 | 如文件下载、电子邮件,数据传输不需要实时性 |
| 按安全性 | 明文传输 | 数据不加密,可能面临窃听和篡改风险 |
| | 加密传输 | 如 SSL/TLS,数据在传输过程中被加密,保证隐私和安全 |

## 2.1.3　数据交换技术

数据交换技术是一种在计算机网络中，不同设备或系统之间传输数据的方法。它涉及数据的发送、接收、处理和路由，确保信息从发送方准确无误地传输到接收方。无论采用何种交换和数据传输都涉及数据流的传输方式变化。数据交换过程中，数据的传输方式见表 2-3。

表 2-3　数据传输方式

| 数据传输方式 | 含义说明 |
| --- | --- |
| 点对点（Point-to-Point） | 两个设备直接相连，无需经过其他节点，如串口通信、局域网（LAN）中的 TCP/IP 通信 |
| 广播（Broadcast） | 数据发送方发送一条消息，所有连接到同一网络的设备都能接收到，如广播式网络（如 Wi-Fi） |
| 多播（Multicast） | 数据发送方发送一条消息给一组特定的接收者，而不是所有设备，如 IP 组播 |
| 路由（Routing） | 在网络中，数据包通过多个节点进行转发，直到达到目的地，如互联网中的 IP 路由协议 |
| 中继（Relaying） | 在分段的网络中，数据通过多个中继节点传递，如路由器 |

数据交换技术的发展和优化对于提高网络通信速度、降低延迟、保证数据安全等方面有着重要作用。数据交换发生在不同计算机系统或设备之间进行信息的传输过程。在这个过程中，发送方将数据分割成若干个数据单元，这些单元被称为数据包或数据分组，然后通过网络发送到接收方。接收方收到数据包后，再将其重新组装成完整的原始数据。常见的数据交换技术包括电路交换、报文交换、分组交换（包括 IP 交换）等。其中，分组交换因其灵活性、高效性和成本效益被广泛应用于现代互联网中。

电路交换需要预先建立一条固定的物理连接，数据在该连接上连续流动，直到连接断开。这种交换方式适合实时通信，如语音通话。类似于传统的电话网络，需要事先规划好通信路径，并在通信过程中保持线路独占。这种方式实时性强，适用于对实时性要求高的通信场景，但线路利用率较低。

报文交换过程中，数据被拆分成独立的报文，每个报文独立寻找路径，将整个报文从源主机传送到目的主机，这种方式适用于大量数据的传输，但在通信过程中可能会因为网络拥堵导致延迟，适合数据量大但对实时性要求不高的应用。

分组交换过程中，数据被分割成小数据包，数据包都包含头部信息和数据部分，每个包独立寻路，通过网络中的路由器逐个传输，最后在目的主机重新组合成完整的报文。这种方式能更好地利用带宽，适用于大量数据的传输、大规模网络通信，如互联网，当网络拥堵时能够通过动态调整分组的数量来保证通信的实时性，提供了较高的灵活性和效率。

每种数据交换形式都有其适用的场景和优缺点，现代在实际网络设计中往往结合多种交换方式以适应不同的需求。例如，对于实时性要求高的场景，电路交换可能是更好的选择；对于大量数据的传输，报文交换或分组交换可能更为合适。此外，还有时使用两种交换技术的复合，如报文分组交换，这是介于电路交换和报文交换之间，结合了两者的优势，既保持了电路交换的实时性，又具有报文交换的灵活性。

此外，随着技术的发展，新的数据传输交换方式也在不断涌现。例如，基于 IP 的数据传输已经成为互联网通信的标准方式。未来，随着 5G、6G 等新一代通信技术的发展，数据传输的速率和效率还将得到进一步提升。

总的来说，数据传输是实现信息时代的关键技术之一。理解其原理和应用场景，以及如何选择合适的数据传输交换方式，对于提升系统性能、确保数据安全和优化网络资源等方面都具有重要意义。

## 2.1.4　容错与校验

在进行数据传输尤其是涉及大量数据时，传输过程中可能会发生物理媒介受到干扰、网络拥塞造成丢包、传输设备故障、编码/解码错误等情况，从而造成数据发送端和接收端不一致。数据传输错误会因为数据丢失或损坏而无法获取完整或准确的信息，轻则会导致业务中断，严重的会造成系统崩溃。对于一个健壮的系统来说，容错和校验是必不可少的功能，容错是通过设计使系统能够容忍一般性错误，而校验则是通过计算来确保数据的准确性。容错和校验是数据处理中互补的两个概念，两者结合使用，可以提高系统的可靠性和数据的安全性。

容错（Error Tolerance）是一种设计策略，它允许系统在某些错误发生时仍能继续运行或者提供部分服务。例如，在计算机存储中，硬盘可能会有坏道，通过使用冗余技术，如RAID（Redundant Arrays of Independent Disks，独立磁盘冗余阵列），即使某个磁盘出现故障，其他磁盘的数据也可以保证数据的完整性。在软件层面，一些算法或编程语言也支持容错，比如在网络传输中，如果数据包丢失，接收端可以请求重传。

校验（Checksum）是一种验证数据完整性的方法，通过计算数据的一部分或全部的数字摘要，然后将这个摘要与接收数据的摘要进行比较，如果两者匹配，说明数据在传输过程中没有被篡改或损坏。常见的校验方式有 CRC、MD5 校验、SHA-1 校验等。例如，文件上传后，服务器会计算文件的校验值，用户下载后也会计算并对比，如果两者一致，说明文件传输正确。

容错和校验结合使用可以提供更高的数据保护。一个系统可能使用冗余存储同时配合校验，即使数据在某处损坏，也可以通过其他副本的校验来确定哪个数据是正确的，然后用正确的数据替换错误的部分。这样，容错提供了数据的可用性，而校验则提供了数据的准确性。总的来说，容错侧重于防止数据丢失或不可用，而校验侧重于发现和纠正数据在传输或存储过程中的错误，两者共同维护数据的完整性和可靠性。保证系统数据完整和正确采取的技术手段见表 2-4。

这些容错技术各有其适用场景，通过组合使用，可以构建出高度可靠的系统，能够在面临各种故障时保持服务的连续性和数据的完整性。

表 2-4  保证系统数据完整和正确采取的技术手段

| 技术手段 | 功能说明 |
| --- | --- |
| 冗余技术 | 存储冗余：硬盘阵列技术，通过数据在多个硬盘上的分布，提高数据的可用性和容错性<br>网络冗余：使用多个网络连接或路径，以确保数据传输的连续性 |
| 数据冗余 | 三重冗余(Triple Redundancy)：数据在三个不同的物理位置存储，例如 RAID 5 和 RAID 6<br>数据备份：定期或实时备份数据到另一处，以防原始数据丢失 |
| 数据校验 | CRC：一种简单但高效的错误检测码，常用于网络通信和存储设备<br>其他校验：更高级的哈希函数，如 SHA-1、SHA-256 等，用于数据完整性校验 |
| 错误检测和恢复 | 使用 TCP/IP 的重传机制，对于丢失的数据包进行自动重发<br>在数据库系统中，ACID(原子性、一致性、隔离性、持久性)事务模型确保数据一致性 |
| 软件容错 | 异常处理和错误恢复：在编程中，使用 try-catch 语句处理异常，确保程序不会因错误而崩溃<br>事务管理：确保数据操作要么全部完成，要么全部回滚 |
| 系统级容错 | 高可用性(HA)设计：通过负载均衡、集群和热备等方式，保证在系统组件故障时仍能继续服务<br>故障转移：当主系统出现故障时，自动将工作负载转移到备用系统 |
| 硬件冗余 | 冗余电源：使用双电源系统，防止电力中断<br>冗余处理器或内存：提高系统的可用性和性能 |
| 自我修复技术 | 智能网卡和处理器的错误检测和自我修复功能 |

## 2.1.5  媒体访问控制

媒体访问控制 （Media Access Control，MAC） 是计算机网络通信技术中的一个重要概念，主要负责在数据链路层上管理多个设备如何访问共享的传输介质。它是网络中数据传输的基本单元，确保数据能在物理网络上正确、高效地传输。

在局域网 （Local Area Network，LAN） 中，MAC 地址是一个 48 位的唯一标识符，通常以 12 个十六进制数表示，用于区分网络上的每一个设备。每个设备都有一个固定的 MAC 地址，当设备发送数据时，会包含自己的 MAC 地址和目标设备的 MAC 地址，以便网络设备能够识别并路由数据。

MAC 协议的主要任务包括冲突检测与避免 ［如 CSMA/CD （Carrier Sense Multiple Access with Collision Detection，带冲突检测的载波监听多路访问）］、数据帧的封装和解封装、错误检测等。常见的 MAC 协议有 IEEE 802.3 （以太网） 系列标准，它们定义了如何在物理层上进行数据传输，以及如何通过 MAC 地址进行寻址。

CSMA/CD 是一种媒体访问控制 （MAC） 协议，主要用于以太网等局域网 （LAN） 中。它的基本思想是设备在发送数据前先监听信道是否空闲，如果信道忙，设备会等待一段时间再尝试发送；如果在发送过程中检测到信道被其他设备占用，即发生 "碰撞"，则立即停止发送并等待一个随机时间再次尝试。

然而，随着网络规模的扩大和性能需求的提升，CSMA/CD 的不足之处逐渐显现，如低效率、碰撞概率高等问题。因此，后续的协议 ［如 CSMA/CA （带冲突避免的载波感应多路访问）］ 和更高级别的网络技术 （如交换机和令牌环） 被开发出来，以提供更高效和可靠的网络访问。尽管有些局限性，CSMA/CD 仍然是一个基础且实用的 MAC 技术，对于小型办公室网络或家庭网络来说，它能满足基本的通信需求。

CSMA/CA 是 CSMA/CD 的一种改进版本，它主要应用于无线局域网（WLAN）中，如 Wi-Fi。相比于 CSMA/CD，CSMA/CA 在冲突检测和避免上采取了不同的策略，以适应无线环境的特点。

CSMA/CA 在发送数据前，不仅监听信道是否空闲，还会使用一种称为"分布式协调功能"（DCF）的技术，来预测可能的冲突。设备在发送前会设置一个随机等待时间，如果这段时间内没有检测到其他设备的活动，才开始发送。这样可以减少冲突的可能性。

CSMA/CA 支持点对点（P2P）和点对多点（P2MP）两种模式。在 P2P 模式下，只有两个设备直接通信，无需监听整个网络，提高了效率。在检测到冲突后，CSMA/CA 引入了"短的帧间空隙"（Short Interframe Space，SIFS），这是一种较短的等待时间，用于设备在冲突后快速恢复并再次尝试发送。在某些无线环境中，CSMA/CA 允许设备进行能量检测，以判断是否有其他设备在使用同一频道，进一步减少冲突。DCF 主要用于全分布式网络，而 PCF（点协调功能）在某些集中式的网络中使用，提供更精细的控制。

CSMA/CA 使得无线网络在多设备共享无线资源的情况下，仍能保持较高的数据传输效率和稳定性，尤其适用于移动设备较多的场景，如智能手机、平板电脑等。

令牌环（Token Ring）是一种早期的局域网（LAN）技术，与 CSMA/CD 和 CSMA/CA 不同，它采用的是令牌控制的方式进行介质访问。在令牌环网络中，数据传输的顺序是预先确定的，通过一个被称为"令牌"的数据包在环形网络中传递，只有持有令牌的设备才能发送数据，从而避免了冲突。

网络中有一个中央设备，称为令牌环主节点（Root Station），它会生成一个令牌并发送到网络中。令牌沿着环形网络从一个节点传到下一个节点，每个节点在接收到令牌后，只有在令牌持有者释放令牌后才能获取并发送自己的数据。只有当令牌到达某个设备时，该设备才能开始发送数据。发送完成后，它会释放令牌，令牌继续沿环传递。由于数据传输是按照预设顺序进行的，理论上不会发生冲突。但如果令牌丢失或网络中断，可能会导致数据传输混乱。由于数据传输是按顺序进行的，而且每个设备只能在特定时间内发送，这使得令牌环网络具有一定的安全性，防止未经授权的设备接入。

尽管令牌环网络提供了高效的数据传输和安全性，但它有一些局限性，如成本较高、网络拓扑固定、扩展性较差等。随着技术的发展，令牌环已被更灵活的网络技术，如以太网（Ethernet）所取代，但令牌环仍在某些专业领域，如工业自动化和高性能计算中得到应用。

## 2.2　计算机网络的结构

### 2.2.1　网络通信的介质

网络数据信号的物理传播是个连续且实时的过程，数据快速地从一个节点传输到另一个节点，保证数据可靠地传送就需要一定的介质。实际传输速度受到许多因素影响，最大的因素无疑是传输介质。目前互联网连接进行数据传输，通常使用的物质载体主要包括：

**1. 有线连接**

（1）同轴电缆

因为中心铜线和网状导电层为同轴关系而得名。从内到外分为四层，分别是中心铜线（组成可能是单股的实心线或多股绞合线）、塑料绝缘体、网状导电层和电线外皮。中心铜线和网状导电层形成电流回路。

该连接方式大量用于有线电视，由于同轴电缆造价低、易施工，在中、小传输系统中得到了广泛的应用。特别是在 HFC（Hybrid Fiber-Coaxial，混合光纤同轴电缆）网络"最后一公里"传输中，是无法用其他电缆所代替的。许多无源器件、有源器件及用户都需使用电缆连接，凡是用同轴电缆连接的各个器件之间都需达到阻抗匹配。

同轴电缆传输的信号具有交流电特点而不是恒定直流电，因为内部电流方向发生快速逆转。电流方向的快速改变，尤其是频率较高，高频特性显著如果使用一般电缆线，这种电线就会相当于一根向外发射无线电的天线，无疑会损耗了信号的功率，使得接收到的信号强度减小。同轴电缆的设计正是为解决这个问题而研制开发的。中心电线发射出来的无线电被网状导电层所隔离，网状导电层可以通过接地的方式来控制发射出来的无线电。

同轴电缆也存在一个问题，就是如果电缆某一段发生比较大的挤压或者扭曲变形，那么中心电线和网状导电层之间的距离就不能保持一致，这会造成内部的无线电波会被反射回信号发送源。这种效应减低了可接收的信号功率。为了克服这个问题，中心电线和网状导电层之间被加入一层塑料绝缘体来保证它们之间的距离恒定。这种处理也造成了电缆比较僵直而不容易弯曲的特性。屏蔽层采用编织铜网实现，单层编织的屏蔽效果较差，双层编织比单层编织的转移阻抗减少为 1/3，可见双层编织的屏蔽效果比单层有了很大的改善。各大同轴电缆制造商都在不断改进电缆的外导体结构以提高其性能。同轴电缆根据其结构和性能特点，其分类见表 2-5。

表 2-5 同轴电缆的分类

| 分类名称 | 分类项 | 内容说明 |
|---|---|---|
| 基本型同轴电缆 | RG-11 | 这是最早的一种基本型同轴电缆，主要用于有线电视和早期电话系统 |
| | RG-59 | 常用于有线电视，也可以用于一些低速数据传输，如 CATV（社区有线电视）系统 |
| 高质量同轴电缆 | RG-6 | 用于有线电视，提供了更好的性能和更低的损耗，比 RG-59 更常见 |
| | RG-59/U | 改良版的 RG-59，具有更好的阻抗匹配和信号传输质量 |
| 宽带同轴电缆 | RG-174 | 小型同轴电缆，适用于低频应用，如无线设备的天线馈线 |
| | RG-58/75 | 轻型同轴电缆，用于计算机网络和低速数据传输 |
| 混合光纤同轴电缆 | HFC | 这种电缆结合了光纤和同轴技术，用于宽带互联网服务，如有线电视提供商的同轴电缆数据接口规范（Date-Over-Cable Service Interface Specification，DOCSIS）网络 |

选择同轴电缆时，应考虑应用的具体需求，如传输距离、带宽要求、抗干扰能力、性价比等参数综合确定。同轴电缆的技术指标见表 2-6。

表 2-6　同轴电缆的技术指标

| 技术指标 | 指标说明 |
| --- | --- |
| 特性阻抗 | 同轴电缆特性阻抗一般为 75Ω 或 50Ω，这是为了匹配信号源和负载设备的要求 |
| 频率范围 | 不同类型的电缆有不同的工作频率范围，越高性能的电缆，频率响应越好，适合高速数据传输 |
| 损耗（Attenuation） | 表示信号沿电缆传输时能量的损失，越低的损耗意味着信号衰减越小，传输距离越远 |
| 插入损耗（Insertion Loss） | 电缆内部连接点和终端接头的损耗 |
| 电压容限（Voltage Rating） | 电缆能够承受的最大电压，以保证信号质量和系统的稳定性 |
| 屏蔽（Shielding）效果 | 金属屏蔽层的质量和完整性对信号的干扰抑制至关重要 |

（2）双绞线

双绞线由两根相互扭绕的导线组成，通常每对线之间用绝缘材料隔开，典型应用于早期的电话线路，目前则作为一种常见的有线网络传输介质。这种设计旨在减少电磁干扰和信号串扰，从而提高数据传输的稳定性和保密性。

双绞线中的每一对线，通常是两条颜色相同的线被紧密地绞合在一起，形成一种螺旋状排列。这种绞合方式使得信号在传输过程中，每对线的电磁场相互抵消，减少了线对之间的相互干扰。双绞线采用平衡传输技术，这意味着每一对线上的电流相位相反，当外部电磁干扰出现时，由于电流相位的相互抵消，干扰被部分抵消，提高了信号的抗干扰能力。高频率的信号更容易受到干扰，双绞线的设计使高频信号在短距离内传输，限制了干扰的传播范围。双绞线的每一对线的阻抗约为 50Ω 或 75Ω，这与大多数网络设备的输入阻抗相匹配，这有助于减少信号在传输过程中的衰减和反射，从而减少干扰。不同的数据速率使用不同的频率范围，通过将信号分布在不同的频率段，可以减少同一频率范围内多个设备之间的干扰。在一些高性能传输需求的场合，如 Cat5e、Cat6 及以后的版本通常包含一层或两层屏蔽层，这可以是金属编织屏蔽或金属箔包裹。屏蔽层的作用是反射或吸收外部的电磁辐射，减少外部电磁干扰对信号的影响。通过这些技术，双绞线能够在一定程度上降低电磁干扰对网络通信的影响，保持数据传输的稳定性和可靠性。随着数据传输速率的提升，对屏蔽性能的要求也在增加，特别是在较长距离和密集的网络环境中。双绞线的发展历程见表 2-7。

表 2-7　双绞线的发展历程

| 种类 | 功能说明 | 发布时间 |
| --- | --- | --- |
| 早期发展 | 电话工程师开始使用双绞线技术来提高线路的信号传输质量，减少串音 | 19 世纪末 |
| 第一个标准化 | 美国电话电报公司（AT&T）制定了第一条双绞线的标准，称为"50Ω 非屏蔽双绞线" | 1931 年 |
| 以太网的兴起 | 用于局域网（LAN）连接。第一代以太网使用 10BASE-T 标准，使用双绞线作为传输介质，传输速率达到 10Mbit/s | 1980 年 |

（续）

| 种类 | 功能说明 | 发布时间 |
|---|---|---|
| Cat5 | 提供更快数据传输速度（100Mbit/s），支持更长的线缆长度 | 1995 年 |
| Cat5e | Cat5e 标准发布，增强了屏蔽性能，支持 100Mbit/s 的快速以太网 | 1999 年 |
| Cat6 | Cat6 标准推出，支持 1Gbit/s 的以太网 | 2002 年 |
| Cat6a | Cat6a 标准发布，提高了数据传输频率，支持 10Gbit/s 的以太网并对屏蔽性能有更严格的要求 | 2005 年 |
| Cat7 | Cat7 标准出现，专为 10Gbit/s 以上（如 10GBase-T）的高速应用设计 | 2010 年 |
| Cat8 | 提供更高的数据传输速率（最高可达 25Gbit/s），适用于未来需要更大带宽的场景 | 2016 年 |
| Cat9 | 理论上支持高达 40Gbit/s 的传输速率，主要用于专业级和数据中心应用 | 尚未普及 |

（3）光纤

光纤（Fiber）是一种用于传输光信号的极其细小的玻璃或塑料纤维。它由核心、包层和保护层等部分组成，其中的核心通常由高折射率的材料制成，而包层则由折射率较低的材料制成。当光信号通过光纤时，会在核心中以光的形式传播，由于光的全反射原理，信号可以在光纤内部沿着直线进行长距离传输，且损耗极低。

光纤通信是现代通信技术的重要组成部分，它具有容量大、速度快、抗干扰能力强、保密性好、传输距离远等优点，广泛应用于互联网、电话、电视、数据传输、光纤网络等各种通信系统中。与传统的铜线或电缆相比，光纤能够提供更高的带宽和更低的延迟，对于现代信息社会的发展起到了关键作用。

单根光纤可以承载比铜线多得多的数据，这是由于光的频率范围远远大于电信号，可以实现高密度的数据传输。光纤的传输速度非常快，接近光速，这使得它可以支持高速互联网、数据中心互连以及视频会议等实时应用。光纤的损耗很小，特别是在短距离传输时，几乎可以忽略不计，这对于长距离通信尤其重要。光信号不导电，不受电磁干扰，因此通信信号稳定，保密性好，不容易被窃取或篡改。光纤的物理性质使其不易磨损，寿命长，维护成本低。光纤可以弯曲，适应各种复杂的布线环境，而且可以轻松地敷设在建筑物内部，无需大的开挖空间。光纤使用电力低，无电磁辐射，对环境影响小，符合绿色通信的趋势。随着技术进步，光纤可以支持更高带宽的升级，未来有很好的发展潜力。虽然初期投资可能较高，但光纤通信的长期运行维护成本较低，尤其是对于需要大量传输数据的企业或机构来说。

**2. 无线连接**

无线介质使用户能够在没有物理线缆的情况下连接到网络，提供了更大的便利性和灵活性。然而，无线介质也可能面临信号干扰、覆盖范围有限等问题，需要适当的设备配置和优化才能确保稳定的通信。

网络连接的无线介质是指在无线网络中用于传输数据的物理媒介，它们允许设备之间通过无线信号进行通信，而无需使用有线连接。无线连接包括微波、红外线、蓝牙和 Wi-Fi

（802.11 标准系列）等，这些波段的频率不同，传输距离和数据速率也各有特点。蓝牙主要用于近距离设备间的连接；微波是早期的无线宽带技术，如 WiMAX，但已被更先进的技术如 Wi-Fi 和 4G/5G 取代；Wi-Fi 通过 2.4GHz 或 5GHz 频段，适用于家庭、办公室等范围内的无线网络；红外线主要用于短距离的点对点通信，如遥控器和一些电子设备之间的通信；射频是一种广泛的无线通信技术，包括许多不同的标准，如手机通信（GSM、CDMA、LTE、5G）、卫星通信等；毫米波是一种新兴的无线通信技术，通常用于提供高速无线接入，如 5G 移动通信网络的部分频段。

通过地球静止轨道卫星（Geostationary Satellite）进行全球范围的互联网接入，如卫星互联网服务。"星链"就是一个旨在构建全球卫星互联网服务的庞大计划，其目标是通过在地球轨道上部署数千颗小型卫星，形成一个全球性的宽带互联网星座，为地球上任何地方地面用户，包括家庭、企业、船只和飞机提供高速互联网接入。

## 2.2.2　网络体系的分层模型

计算机网络链接是个非常复杂的过程，两台计算机需要进行通信时，需要面对复杂的情况和因素，需要确定数据的通路，数据在这条通路上能否正确发送和接收，以及出现的各种差错和意外事故，能否有可靠完善的措施保证对方计算机最终能正确收到数据等一系列问题。计算机网络体系的结构标准正是为了解决这些问题。

计算机间高度默契的交流背后需要十分复杂、完备的网络体系结构作为支撑。需要考虑用什么方法才能合理地组织网络的结构，才能使网络设备之间达成这种"高度默契"。分而治之是一个好的思路，更进一步说就是网络的分层思想。分层思想的内涵是让每层在依赖自己下层所提供的服务的基础上，通过自身内部功能实现一种特定的服务。计算机网络体系结构分层就是在这样的思想下产生了。

**1. 三种计算机网络体系结构**

计算机网络体系结构主要有三种划分方法，分别是 OSI 体系结构（七层）、TCP/IP 体系结构（四层）、TCP/IP 体系结构（五层）。这些分层结构，它们有一定的共性和联系。三种网络结构组成与功能的差别见表 2-8。

表 2-8　三种网络结构组成与功能的差别

| TCP/IP<br>四层模型 | TCP/IP<br>五层模型 | OSI<br>七层模型 | 功能 | 协议 |
|---|---|---|---|---|
| 应用层 | 应用层 | 应用层 | 应用程序与协议 | FTP、NFS（网络文件系统） |
| | | 表示层 | 端到端的可靠透明传输,保证数据完整性 | Telnet（远程上机）、SNMP（简单网络管理协议） |
| | | 会话层 | 会话管理 | SMTP（简单邮件传输协议）、DNS（域名系统） |
| 传输层 | 传输层 | 传输层 | 数据传输 | TCP、UDP |

（续）

| TCP/IP<br>四层模型 | TCP/IP<br>五层模型 | OSI<br>七层模型 | 功能 | 协议 |
|---|---|---|---|---|
| 网络层 | 网络层 | 网络层 | 服务选择、路径选择、多路复用等 | IP、ICMP（互联网控制报文协议）、ARP（地址解析协议） |
| 网络接口层 | 数据链路层 | 数据链路层 | 差错控制、流量控制 | PPP（点到点协议）、SLIP（串行线路网际协议） |
| | 物理层 | 物理层 | 网络连接 | IEEE |

OSI 体系结构概念清楚，理论也比较完整，但是它既复杂又不实用。TCP/IP 体系结构是一个四层体系结构，已经得到了广泛的运用。五层体系结构在 TCP/IP 体系四层结构基础上，为了方便学习，折中 OSI 体系结构和 TCP/IP 体系结构，综合二者的优点，这样既简洁，又能将概念讲清楚。TCP/IP 体系结构与 OSI 体系结构最大的不同在于，OSI 体系结构是一个理论上的网络通信模型，而 TCP/IP 体系结构则是实际运行的网络协议。

**2. 五层网络体系结构概述**

五层网络体系结构各层的主要功能见表 2-9。

表 2-9　五层网络体系结构各层的主要功能

| 结构名称 | 功能说明 |
|---|---|
| 应用层 | 这是最高层，包含了各种应用协议，如 HTTP（超文本传送协议）、FTP（文件传输协议）、SMTP（简单邮件传输协议）等。这些协议负责用户的应用程序之间的通信 |
| 传输层（运输层） | 这一层有两个主要的协议，TCP（传输控制协议）和 UDP（用户数据报协议）。TCP 提供了面向连接、可靠的数据传输服务，而 UDP 则提供无连接但快速的数据报服务 |
| 网络层（网际层） | 主要协议是 IP，负责数据包在网络中的路由选择，确保数据包能够从源地址准确地送达目标地址 |
| 数据链路层 | 这一层的主要任务是保证数据在物理网络中正确无误地传输，常见的协议有 Ethernet、Wi-Fi 等，它们将数据包分解成帧，并处理错误检测和纠正 |
| 物理层 | 这是最底层，主要关注的是数据在物理介质上的传输，如电信号、光信号等，常见的标准有 Ethernet、Wi-Fi、光纤等 |

在计算机网络的分层模型中，数据在从一个层次传输到另一个层次时会发生形式上的变化，这个过程称为数据封装（Encapsulation）。数据封装的主要目的是简化通信过程，同时确保不同层次之间的通信兼容性。当数据从应用层向下一层传输时，每一层都会添加或删除特定的头部信息，直到数据达到目的端，然后这个过程反转，数据逐层解封装，直到返回到应用层。

**3. TCP/IP 体系结构数据交换过程**

TCP/IP 体系结构是互联网的核心协议。它由四层组成，每个层次负责特定的网络功能。TCP/IP 体系结构的核心特点是分层设计，每一层都可以独立发展和优化，而不会影响其他层。这种设计使得网络通信更加灵活且易于管理。例如，如果网络层需要改进，不会影响应用层的性能，反之亦然。此外，TCP/IP 体系结构也是开放的，允许各种不同的设备和操作系统进行互操作。四层结构在协议作用下进行数据交换的示意图如图 2-2 所示。

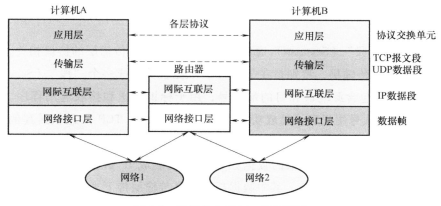

图 2-2　四层结构数据交换示意图

## 2.2.3　网络通信中的基础概念解析

互联网通信中需要软硬件配合的复杂系统，为了更好地理解相关的运行机理，一些概念必须要明确，以下列举所涉及的部分术语和概念。

**1. 包**

互联网的"包"通常指的就是数据包，它是互联网 TCP/IP 通信传输中的基本数据单元。数据包主要由目的 IP 地址、源 IP 地址和净载数据等部分构成，包括包头和包体。包头是固定长度，包含有关如何路由和处理该数据包的信息，而包体的长度不定，包含实际传输的数据内容。

数据包的结构类似于人们平常写信，目的 IP 地址相当于收信人地址，说明这个数据包是要发给谁的。源 IP 地址相当于发信人地址，说明这个数据包是发自哪里的。而净载数据则相当于信件的内容。数据包沿着不同的路径在一个或多个网络中传输，并在目的地重新组合。

在数据传输过程中，如果遇到较大的数据，计算机中的分组交换协议会将大数据分割成一个个较小的数据包进行传输，以提高传输效率和可靠性。这些数据包在网络中独立传输，可能经过不同的路径，但最终会在目的地重新组合成完整的数据。

**2. 数据帧**

数据帧（Data Frame）是数据链路层的协议数据单元，它主要包括三个组成部分：帧头、数据部分和帧尾。帧头和帧尾包含一些必要的控制信息，如同步信息、地址信息以及差错控制信息等，它们对于确保数据的正确传输和接收至关重要。数据部分则包含网络层传下来的数据，如 IP 数据包等。

数据帧是网络通信中的关键组成部分，它确保了数据在链路层上的有效和可靠传输。在发送端，数据链路层会将网络层传下来的数据封装成帧，然后发送到链路上。而在接收端，数据链路层会从收到的帧中提取数据，并将其交给网络层。此外，不同的数据链路层协议对应着不同的帧，因此帧的种类多种多样，如 PPP 帧、MAC 帧等，它们的具体格式也各不相同。

### 3. 段

在网络通信中，"段"（Segment）通常与网络层的协议或传输层的协议相关，特别是在 TCP/IP 协议族中。在传输层，特别是在 TCP 中，数据被分割成多个"段"（Segment）进行传输。每个 TCP 段都包含源端口和目的端口号，用于标识发送和接收应用程序。序列号用于对段进行排序。确认号用于确认已成功接收的数据。此外，TCP 段还包括其他控制信息，如窗口大小多用于流量控制、校验和用于错误检测等。

在网络层，IP 将传输层传下来的数据如 TCP 段封装成 IP 数据包，也称为 IP 数据报。IP 数据包包含 IP 头部和数据部分，其中数据部分就是传输层传下来的段。IP 头部包含源 IP 地址和目的 IP 地址，用于在网络中进行路由。

简而言之，"段"在网络通信中，特别是在 TCP/IP 协议族中，是传输层协议，如 TCP 处理的数据单元。当数据从传输层传递到网络层时，这些段会被封装成 IP 数据包进行传输。在接收端，这个过程正相反，即 IP 数据包被解封装，以提取出传输层的段，然后这些段被进一步处理以恢复原始数据。

### 4. 消息

从通信的角度来看，消息是通信系统传输的对象，是信息的载体。它可以通过语言、文字、图像和数据等不同形式具体描述。在网络通信中，消息可以是离散消息或连续消息。离散消息具有可数的有限个状态，如文字、符号和数字数据等；而连续消息的状态则连续变化或不可数，如语音、连续图像等。从数据传输的角度来看，消息在网络中是以数据帧的形式进行传输的。

在更广泛的网络应用中，消息还可以指网络服务和应用程序之间传递的信息。例如，在物联网（IoT）领域，设备之间通过网络发送和接收消息以实现远程监控和控制。在云计算和分布式系统中，消息传递接口（MPI）等技术用于在节点之间传递数据和指令。

### 5. 协议

网络协议指的是计算机网络中互相通信的对等实体之间交换信息时所必须遵守的规则的集合。这些对等实体通常是指计算机网络体系结构中处于相同层次的信息单元。一般来说，网络协议包括通信环境、传输服务、词汇表、信息的编码格式、时序和规则等五个部分。

通信环境指的是协议运行的物理或逻辑环境，包括网络的拓扑结构、连接的设备类型、使用的传输介质（如光纤、双绞线、无线电波等）以及网络的规模和复杂性。

传输服务定义了数据在网络中的传输方式，包括数据的发送和接收、传输的可靠性、数据的完整性和传输效率。例如，某些协议可能提供可靠的数据传输服务，确保数据包能够正确无误地到达目的地。

词汇表是指协议中使用的专业术语和概念，包括数据格式、控制信息、地址格式等。这些术语为网络通信提供了一个共同的语言基础，使得不同的设备能够理解和解释彼此发送的信息。

信息的编码格式定义了数据如何被转换为可在网络中传输的格式。这包括数据的序列化、打包、压缩、加密等。正确的编码格式对于确保数据在不同系统和平台之间正确传输至关重要。

时序和规则规定了事件和消息交换的顺序，例如，数据包的发送和接收时间、超时重传机制等，并且定义了协议的具体行为，包括错误处理、流量控制、拥塞避免等。这些规则确保了网络通信的有序性和高效性。

在进行通信时实现协议还必须遵循一定的步骤和流程，包括建立连接、数据传输、连接维护、连接终止等。过程定义了在特定情况下应该采取的行动，以保证通信的顺利进行。

网络协议在数据传输中起着至关重要的作用，它确保数据的准确、高效和安全传输。具体来说，网络协议的作用体现在以下几个方面：

1）网络协议确保数据的准确传输。这包括错误检测和纠正机制，能够在数据传输过程中发现并修复错误，从而保证数据的完整性和正确性。

2）网络协议确保数据的顺序传输。在数据包传输过程中，可能会因为网络拥堵、设备故障等原因导致数据包乱序。网络协议通过一系列的规则和机制，确保数据包按照正确的顺序到达目的地，从而避免数据混乱和解析错误。

3）网络协议还负责管理数据的流量和传输速度。它可以根据网络状况和设备性能，合理分配网络资源，避免网络拥塞和数据传输瓶颈，从而确保数据的高效传输。

4）网络协议在保障数据安全方面也发挥着重要作用。它可以通过加密、认证等机制，保护数据在传输过程中的机密性、完整性和可用性，防止数据被非法获取、篡改或破坏。

综上所述，网络协议在数据传输中扮演着至关重要的角色，它是实现计算机网络中各实体之间有效通信和数据交换的基础和保障。常见的网络协议有 TCP/IP 协议族中的 TCP 和 IP 等，它们都在各自层面上发挥着重要的作用，共同确保网络数据传输的可靠性、高效性和安全性。

### 6. 端口号

端口号的主要作用是表示一台计算机中的特定进程所提供的服务。每个应用程序对应一个端口号，通过这个端口号，客户端才能访问到该服务器。端口号用于区分不同的服务或进程，确保数据能够准确发送到目标应用程序。

端口包括逻辑端口和物理端口两种类型。逻辑端口主要用于区分不同的服务，如 HTTP 服务的 80 端口和 FTP 服务的 21 端口。物理端口则用于连接物理设备，如 ADSL Modem（非对称数字用户线调制解调器）、集线器、交换机和路由器等设备上的 RJ45、SC（Subscriber Connector，一种光纤连接器）等接口、端口。

在 IP 地址和端口号的组合中，它们用冒号分隔，例如 192.168.1.1：80，这表示一个特定的网络地址和端口号组合，用于标识一个特定的网络服务或应用程序。可以使用命令行工具如 netstat 命令，来查看系统中占用 TCP 连接的端口号。此外，还可以使用 telnet 命令来检查远程主机上特定端口是否处于打开状态。

需要注意的是，不同的协议和应用程序可能有不同的端口号定义和规范。因此，在使用 IP 和端口时，需要根据具体情况查阅相关协议或规范，以确保正确使用。总的来说，端口号在网络通信中扮演着重要的角色，它是实现网络服务和应用程序之间通信的关键要素之一。

### 7. 路由

路由（Routing）是指分组从源到目的地时，决定端到端路径的网络范围的进程。路由工作在 OSI 参考模型第三层——网络层的数据包转发设备。路由器通过转发数据包来实现网络互连。虽然路由器可以支持多种协议，如 TCP/IP、IPX/SPX（互联网络数据包交换/序列分组交换）协议、AppleTalk 等协议，但在我国，绝大多数路由器运行 TCP/IP。

路由是计算机网络中实现数据包转发和网络互连的重要过程，而路由器则是实现路由功能的关键设备。路由器在计算机网络中扮演着关键的角色，它能够连接不同类型的网络，如家庭网络、企业网络和互联网，并在这些网络之间转发数据包。通过路由，不同的网络设备可以相互通信，共享资源和信息。

路由器通常连接两个或多个由 IP 子网或点到点协议标识的逻辑端口，至少拥有一个物理端口。路由器根据收到数据包中的网络层地址与路由器内部维护的路由表决定输出端口及下一跳地址，并且重写链路层数据包头实现转发数据包。路由的工作过程可以分为两个阶段，即路由表的构建和路由的选择。

路由表是路由器中的重要组成部分，包含了所有可达网络的信息。路由表可以手动配置，也可以通过动态路由协议自动学习。动态路由协议是自动学习路由表的一种方式，常见的动态路由协议有 RIP（路由信息协议）、OSPF（开放最短通路优先协议）和 BGP（边界网关协议）等。在选择路由时，路由器会比较每个可能的路径，并选择距离目标地址最近的路径。

### 8. IP 地址

IP 地址是指互联网协议地址，是 IP 提供的一种统一的地址格式，为互联网上的每一个网络和每一台主机分配一个逻辑地址，以此来屏蔽物理地址的差异。这种地址分配方式使得用户能够根据网络中的请求，在联网的计算机上，从千千万万台计算机中高效地选出所需的对象。互联网上的每一台终端设备都有一个唯一标识，可以根据这个标识找到具体的计算机，这个唯一标识就是 IP 地址。目前，IP 地址广泛使用的版本是 IPv4，它用 4B 大小的二进制数表示，如 00001010000000000000000000000001。因为二进制形式不便于记忆，所以通常会将 IP 地址写成十进制形式，每个字节用一个十进制数字（0~255）表示，数字间用点符号"."分开，如 127.0.0.1。位于网络中的一台计算机可以通过 IP 地址访问另一台计算机，然后通过端口号去访问计算机中的某个应用程序。网络上计算机端口访问示意图如图 2-3 所示。

IP 地址由网络地址和主机地址组成，其中网络部分表示 IP 地址属于互联网的哪一个网

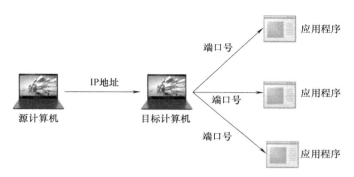

图 2-3　网络上计算机端口访问示意图

络，是网络的地址编码，主机部分表示其属于该网络中的哪一台主机，是网络中一个主机的地址编码，二者是主从关系。在 Windows 操作系统中，用户可以在命令行通过 ipconfig 命令查看本机的 IP 地址。

　　IP 地址根据网络地址和主机地址的范围，大致可分为五类，各类地址可使用的 IP 数量不同，IP 地址分类及其范围见表 2-10。在表中可以发现没有 127.×.×.× 的地址，因为其是保留地址，用作循环测试，在开发中经常使用 127.0.0.1 表示本机的 IP 地址。

表 2-10　IP 地址分类及其范围

| 地址分类 | 地址范围 |
| --- | --- |
| A 类地址 | 1.0.0.1 ~ 126.255.255.254 |
| B 类地址 | 128.0.0.1 ~ 191.255.255.254 |
| C 类地址 | 192.0.0.1 ~ 223.255.255.254 |
| D 类地址 | 224.0.0.1 ~ 239.255.255.255 |
| E 类地址 | 240.0.0.1 ~ 255.255.255.255 |

## 2.2.4　网络通信的 TCP/IP 协议族

　　从字面意义上讲，TCP/IP 只是指 TCP 和 IP 两种协议，在实际互联网中使用，确实也指两种协议。互联网只是一个最基础的条件，在应用层可以通过它完成很多工作，诸如浏览网页、发送邮件、访问 FTP 服务器等。此时就会用到 IP、ICMP、TCP、UDP、Telnet、FTP、HTTP 等，它们与 TCP 或 IP 的关系密不可分。因此，在很多情况下，TCP/IP 是指进行通信时必须用到的协议群的统称。它们是互联网应用必不可少的组成部分，有时也统称它们为 TCP/IP 网际协议群，毕竟 TCP/IP 原本就是为使用互联网而开发制定的协议族。这些协议所实现的功能各异，相互之间关系如图 2-4 所示。

　　TCP/IP 是一组通信协议，它们定义了计算机网络中数据传输的标准方式。TCP/IP 协议族包括两个主要协议：IP 和 TCP。

　　IP（互联网协议）是 TCP/IP 协议族的核心，负责在不同的网络之间进行数据包的传输。IP 定义了数据包的格式、寻址方式以及如何在网络中路由数据。IP 是无连接的，这就

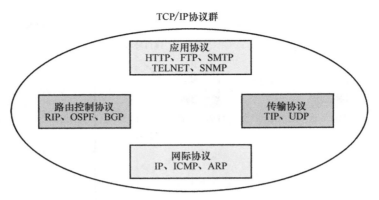

图 2-4　TCP/IP 网际协议群相互关系

意味着数据包可能会乱序到达，甚至在网络传输中丢失。

　　TCP（传输控制协议）是一种面向连接的、可靠的传输层协议，它在 IP 之上工作，确保数据的可靠传输。TCP 通过三次握手建立连接，数据传输过程中进行流量控制、拥塞控制、错误检测和重传机制，确保数据的正确性和顺序性。

　　TCP/IP 组合在一起，使得不同类型的网络，如局域网、广域网之间的数据传输成为可能，并且支持多种应用层协议，如 HTTP、FTP、SMTP 等在互联网上运行。它是互联网通信的基础，也是现代计算机网络通信的关键组成部分。以下具体介绍几个重要的协议：

**1. IP**

　　按层次分，IP（互联网协议）位于网络层。这个名称可能听起来有点范围有点大，但事实确实如此，因为几乎所有使用网络的系统都会用到 IP。TCP/IP 协议族中的 IP 指的就是互联网协议，IP 在协议名称中占据了一半位置，其重要性可见一斑。

　　IP 的作用是把各种数据包传送给对方。而要保证确实传送到对方那里，则需要满足各类条件。其中两个重要的条件是 IP 地址和 MAC 地址。IP 地址指明了节点被分配到的地址，MAC 地址是指网卡所属的固定地址。IP 地址可以和 MAC 地址进行配对。IP 地址可变换，但 MAC 地址基本上不会更改，使用 ARP（地址解析协议）凭借 MAC 地址进行通信。在网络上，通信的双方在同一局域网（LAN）内的情况是很少的，通常是经过多台计算机和网络设备中转才能连接到对方。而在进行中转时，会利用下一站中转设备的 MAC 地址来搜索下一个中转目标。这时会采用 ARP，它是一种用以解析地址的协议，根据通信方的 IP 地址就可以反查出对应的 MAC 地址。

**2. TCP**

　　TCP 位于传输层，提供可靠的字节流服务。所谓的字节流服务（Byte Stream Service）是了方便传输，将大块数据分割成以报文段（Segment）为单位的数据包进行管理。而可靠的传输服务是指能够把数据准确可靠地传给对方。总之，TCP 为了更容易传送大数据才把数据分割，而且 TCP 能够确认数据最终是否送达到对方。

　　三次握手是 TCP 中非常重要的过程，即在发送数据的准备阶段，客户端与服务器之间的三次交互，以保证连接的可靠。用 TCP 把数据包送出去后，TCP 不会对传送后的情况置之不理，它一定会向对方确认是否成功送达。三次握手的过程如图 2-5 所示。握手过程中使用了 TCP 的标志 SYN（Synchronize）和 ACK（Acknowledgement）。

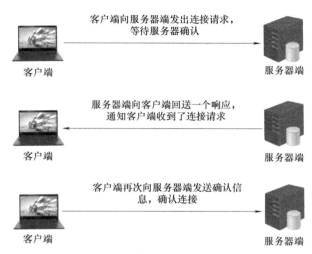

图 2-5　三次握手的传输过程

具体就是发送端首先发送一个带 SYN 标志的数据包给对方。接收端收到后，回传一个带有 SYN/ACK 标志的数据包以示传达确认信息。最后，发送端再回传一个带 ACK 标志的数据包，代表握手结束。

完成三次握手，连接建立后，客户端和服务器端就可以开始进行数据传输。若在握手过程中某个阶段莫名中断，TCP 会再次以相同的顺序发送相同的数据包。需要注意的是，除了上述三次握手，TCP 还有其他方式来保证通信的可靠性。

**3. DNS 协议**

DNS（Domain Name System，域名系统）服务是和 HTTP 一样位于应用层的协议，它提供域名到 IP 地址之间的解析服务。计算机既可以被赋予 IP 地址，也可以被赋予主机名和域名，比如 http：//www.baidu.com。

用户通常使用主机名或域名来访问对方的计算机，而不是直接通过 IP 地址访问。因为与 IP 地址的一组纯数字相比，用字母配合数字的表示形式来指定计算机名更符合人类的记忆习惯。但要让计算机去理解自然语言的名称，相对而言就变得困难了，因为计算机更擅长处理一长串数字。

为了解决上述的问题，DNS 服务就应运而生。DNS 协议提供通过域名查找 IP 地址，或逆向从 IP 地址反查域名的服务。以 163.com 为例，DNS 域名解析的过程如图 2-6 所示。

**4. UDP**

UDP（User Datagram Protocol，用户数据报协议）是 OSI 参考模型中一种无连接的传输层协议，提供面向事务的简单不可靠信息传送服务。UDP 在 IP 报文的协议号是 17。与 TCP 相比，UDP 具有更好的实时性，执行速度更快，效率更高，但其传输是不可靠的，数据在

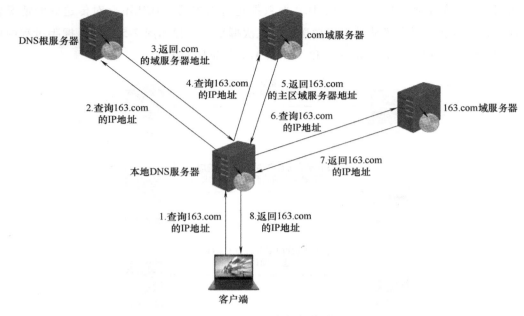

图 2-6　DNS 域名解析的过程

传输过程中可能丢失或乱序。因此，UDP 通常用于不需要 TCP 的排序和流量控制等功能的应用程序，如视频流、实时语音数据传输等。

　　UDP 是无连接通信协议，即在数据传输时，数据的发送端和接收端不建立逻辑连接。简单来说，当一台计算机向另外一台计算机发送数据时，发送端不会确认接收端是否存在就会发出数据。同样接收端在收到数据时，也不会向发送端反馈是否收到数据。UDP 不能保证传输数据的完整性，传输重要数据不建议采用 UDP 传送。UDP 传输示意图如图 2-7 所示。

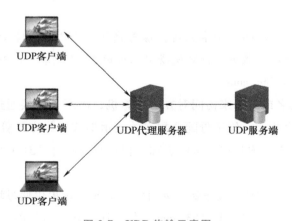

图 2-7　UDP 传输示意图

习 题

1. 简述分组交换的特点，并从多个方面比较电路交换、报文交换和分组交换的主要优缺点。

2. 网络体系为什么要采用分层次结构？列举生活中一些采用分层结构思想的例子。

3. 叙述五层网络结构体系的特点，并分析各层次的主要功能。

4. 什么叫数字交换技术？简述数字交换技术在网络传输中是如何发挥作用的。

5. 什么是 IP？简述它在网络传输中是如何发挥作用的。

6. DNS 协议的主要功能是什么？简述它是如何发挥作用的。

7. 什么是路由？简述它在网络通信中是如何发挥作用的。

8. 网络通信常用的介质都包括哪些？比较各自特点和适用情况。

科学家科学史

"两弹一星"功勋科学家：王大珩

# 第 3 章

# Modbus工业现场总线及应用

PPT 课件    课程视频

## 3.1 Modbus 总线概述

Modbus 由 Modicon（现为施耐德电气公司的一个品牌）在 1979 年发明，是全球第一个真正用于工业现场的总线协议。为更好地普及和推动 Modbus 在基于以太网上的分布式应用，目前施耐德公司已将 Modbus 协议的所有权移交给 IDA（Interface for Distributed Automation，分布式自动化接口）组织，并成立了 Modbus-IDA 组织，为 Modbus 今后的发展奠定了基础。在我国，Modbus 已经成为国家标准，标准号为 GB/T 19582.1~3—2008。

Modbus 协议是应用于电子控制器上的一种通用语言。通过此协议，控制器相互之间，控制器经由网络，如以太网和其他设备之间可以通信。它已经成为一通用工业标准。有了它，不同制造商生产的控制设备可以连成工业网络，进行集中监控。此协议定义了一个控制器能认识使用的消息结构，而不管它们是经过何种网络进行通信的。

Modbus 是一个主/从（Master/Slave）架构的协议，有一个节点是主（Master）节点，其他使用 Modbus 协议参与通信的节点是从（Slave）节点，每一个从设备都有一个唯一的地址。只有被指定为主节点的节点可以启动一条命令。所有的 Modbus 数据帧包含了校验码，保证传输的正确性。基本的 Modbus 命令能通过指令改变一个从设备寄存器的某个值，控制或者读取一个 I/O 端口，以及命令设备回送一个或者多个其寄存器中的数据。

Modbus RTU 和 Modbus ASCII（美国信息交换标准码）是 Modbus 的两种基本模式，主要用于串行通信领域，而 Modbus TCP 则常用于以太网通信。Modbus 已经成为工业领域通信协议标准，并且现在是工业电子设备之间常用的连接方式。

标准的 Modbus 口是使用 RS232C 兼容串行接口，它定义了连接口的针脚、电缆、信号位、传输波特率、奇偶校验。目前可以使用不同的传输方式实现 Modbus，包括以太网上的 TCP/IP、EIA/TIA-232-E、EIA-422、EIA/TIA-485-A、光纤、无线等。经典的 Modbus 串行通信结构模型如图 3-1 所示。

| ISO、OSI模型 | 协议 |
|---|---|
| 应用层 | Modbus 协议 |
| 表示层 | — |
| 会话层 | — |
| 传输层 | — |
| 网络层 | — |
| 数据链路层 | Modbus串行链路协议 |
| 物理层 | EIA/TIA 485(或EIA/TIA 232) |

图 3-1  经典的 Modbus 串行通信结构模型

# 3.2 Modbus 通信协议

## 3.2.1  Modbus 通信模型

Modbus 通信协议并没有规定用于数据传输的具体物理形式，可以使用多种电气接口模式。它主要描述的是应用层，利用协议的支持可以使它在不同总线、设备中进行数据传输。Modbus 通信模型基于主从架构，其中主站设备发送请求并控制通信过程，而其他从站设备响应请求并提供数据。在 Modbus 通信模型中，主站负责发送读取和写入数据的请求，而从站则响应这些请求并提供所需的数据。通常 Modbus 使用串行通信方式（如 RS485）或以太网通信来实现数据传输。Modbus 通信模型通常包括以下几个方面的内容：

1）寻址：每个从站都有一个唯一的地址，主站通过这个地址来识别和通信。

2）功能码：用于指示请求的功能类型，如读取数据、写入数据等。

3）数据格式：包括数据的编码方式、数据位、校验方式等。

4）帧格式：定义了通信数据包的结构，包括起始位、地址位、功能码、数据和校验位等。

Modbus 协议定义了一个控制器能识别使用的消息结构，与采用何种网络进行通信无关。整个消息结构描述了控制器请求访问其他设备的过程，如图 3-2 所示。

| 如何回应来自其他设备的请求 | 怎样侦测错误 | 消息域格局 | 消息帧内部公共格式 |
|---|---|---|---|

图 3-2  Modbus 协议消息结构

它描述了控制器请求访问其他设备的过程，如何回应来自其他设备的请求，以及怎样侦测错误并记录。它制定了消息域格局和内容的公共格式。

Modbus 通信模型提供了一种简单而有效的方式来实现设备之间的数据交换和通信。Modbus 通信模型如图 3-3 所示。其中，MB+ 又称 Modbus Plus，是 Modbus 的扩展版本。

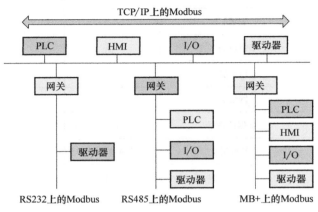

图 3-3　Modbus 通信模型

## 3.2.2　Modbus 的数据传输分类

Modbus 协议是一种应用层报文传输协议，包括 ASCII、RTU、TCP 三种报文类型，协议本身并没有定义物理层，只是定义了控制器能够认识和使用的消息结构，与使用何种物理网络进行通信无关。Modbus 通信的核心都是基于主从架构，通过功能码来指定操作功能类型，从而实现设备间的通信和数据交换。

Modbus 协议使用串口传输时可以选择 RTU 模式或 ASCII 模式，并规定了消息、数据结构、命令和应答方式并需要对数据进行校验。ASCII 模式采用 LRC（纵向冗长校验），RTU 模式采用 16 位 CRC。通过以太网传输时使用 TCP 模式，这种模式不需要额外校验，因为 TCP 本身就是一个面向连接的可靠协议。

**1. Modbus ASCII 模式**

这是一种基于 ASCII 字符的串行通信方式，主要用于短距离、低速率的场景。数据以文本形式传输，每个数据点由 7 位或 8 位的 ASCII 字符组成，包括功能码、地址、数据和校验和。ASCII 模式的优点是易于理解和调试，但传输速度较慢，不适合大量数据传输。

在 ASCII 模式下，消息帧以英文冒号 ":" ASCII 码 3A 开始，以回车 ASCII 码 0D 和换行 ASCII 码 0A 结束，允许传输的字符集为十六进制的 0~9 和 A~F。网络中的从设备监视传输通路上是否有英文冒号 ":"，如果有的话，就对消息帧进行解码。查看消息中的地址是否与自己的地址相同，如果相同的话，就接收其中数据。

在 ASCII 模式下，每个 8 位的字节被拆分成两个 ASCII 字符进行发送，比如十六进制 0xAF（1010 1111），会被分解成 ASCII 字符 "A"（0100 0001）和 "F"（0100 0110）进行发送，其发送量显然比 RTU 模式增加一倍。ASCII 模式的好处是允许两个字符之间间隔的时间长达 1s 而不引发通信故障，该模式采用纵向冗余校验（LRC）。

**2. Modbus RTU 模式**

RTU（Remote Terminal Unit，远程终端设备）是一种无帧结构的二进制通信协议，适合长距离、高效率的工业环境。数据以二进制形式传输，每个数据包由起始字符（0x02）、数据、校验位（可选）和结束字符（0x03）组成。RTU 模式支持更快的数据传输速度，且更节省带宽，但需要更复杂的硬件支持，如专用的 Modbus 收发器。

**3. Modbus TCP 模式**

Modbus TCP 是 Modbus RTU 的以太网版本，借助 TCP/IP 网络环境，允许 Modbus 协议在 TCP/IP 网络上进行通信，具有更高的可靠性，但需要网络支持和配置。Modbus TCP 与 Modbus RTU 在使用上基本相同，但是也存在一些区别。

从机地址变得不再重要，多数情况下可忽略。从某种意义上说，从机地址被 IP 地址取代，CRC 变得不再重要，甚至可以忽略。由于 TCP 数据包中已经存在校验，Modbus TCP 干脆取消了 CRC。

TCP 模式为了让 Modbus 数据顺利在以太网上传输，使用 TCP502 端口。该协议的物理层、数据链路层，网络层、传输层都是基于 TCP 的，只在应用层将 Modbus 协议修改后封装进去；接收端将该 TCP 数据包拆封后，重新获得原始 Modbus 帧，然后按照 Modbus 协议规范进行解析，并将返回的数据包重新封装进 TCP 中，返回到发送端。与串行链路传输的数据格式不同，TCP 模式去除了附加地址和校验，增加了报文头。Modbus TCP 数据帧结构如图 3-4 所示。

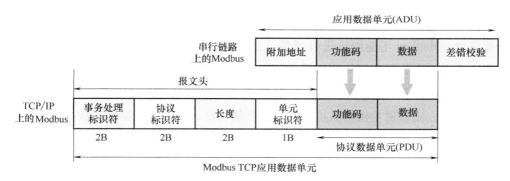

图 3-4　Modbus TCP 数据帧结构

Modbus ASCII 和 Modbus RTU 两种数据传输模式存在着明显的差异，差异见表 3-2。

表 3-1　ASCII 和 RTU 传输模式的差异

| 特性 | 模式 | ASCII(7 位) | RTU(8 位) |
|---|---|---|---|
| 编码系统 | 进制 | 十六进制 | 二进制 |
| 字符位数 | 起始位 | 1 位 | 1 位 |
| | 数据位 | 7 位 | 8 位 |
| | 奇偶校验 | 1 位(无校验则无) | 1 位(无校验则无) |
| | 停止位 | 1 位或 2 位 | 1 位或 2 位 |
| | 错误校验 | LRC(纵向冗长校验) | CRC(循环冗长校验) |

发送同样的源数据，如要传输的数据是十六进制 0x45，RTU 模式和 ASCII 模式传输的数据有区别，采用 RTU 模式则直接按字节发送，采用 ASCII 模式则需要先将十六进制字符转成对应的 ASCII 码，两种传输数据方式的区别见表 3-2。

表 3-2　ASCII 和 RTU 传输数据的区别

| 源数据 | RTU 模式 | ASCII 模式 |
|---|---|---|
| 0x45 | 0x45 | 0x34 0x35 |

比如要发送 0xFFFE，RTU 模式下是直接发送这个 16 位数据的二进制 bit 流，而 ASCII 模式是发送这个数据的十六进制的字符，ASCII 模式下传输数据内容如图 3-5 所示。

| 0xFFFE | | | |
|---|---|---|---|
| F | F | F | E |
| 0x46 | 0x46 | 0x46 | 0x45 |

图 3-5　ASCII 模式下传输数据内容

### 3.2.3　Modbus 的工作模式

Modbus 是一主多从的通信协议，任何时刻，Modbus 通信中只有一个设备可以发送请求，其他从机接收主机发送的数据来进行响应。从机是任何外围设备，如 I/O 传感器、阀门、网络驱动器，或其他测量类型的设备，从机处理信息后用 Modbus 将其数据发送给主机。也就是说，Modbus 不能同步进行通信，主机在同一时间内只能向一个从机发送请求，总线上每次只有一个数据进行传输。即主机发送，从机应答；主机不发送，总线上就没有数据通信。从机不会自己发送消息给主机，只能回复主机发送的消息请求。并且，Modbus 并没有忙机制判断，比如说主机给从机发送命令，从机没有收到或者错过了该条信息，这时候就不能响应主机，因为 Modbus 的总线只是传输数据，没有其他仲裁机制，所以需要通过软件的方式来判断是否正常接收。Modbus 的工作模式如图 3-6 所示。

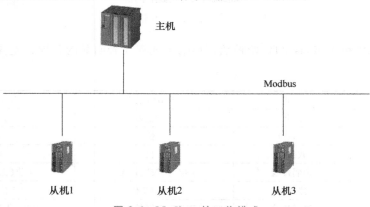

图 3-6　Modbus 的工作模式

作为一种重要的工业标准通信协议，Modbus 主要用于设备间的通信，大量应用于 PLC 和其他智能设备。Modbus 网络遵循一主多从的串行链路架构。主机可以连接一个或 $N$ 个（最大可以为 247 个）从机。

**1. 主机**（Master）

主机通常是一台 PLC 或者计算机系统，它发起数据请求并控制整个通信过程。主机通过发送功能码来指定它想要执行的操作，如读取输入寄存器、写入输出寄存器等。

**2. 从机**（Slave）

从机是响应主机请求的设备，如温度传感器、压力变送器、电机控制器等。每个从机都有一个唯一的地址，主机根据地址选择要通信的从机。

其中主机会轮询或按需与从机进行通信。主机发送请求后，从机接收到请求后进行响应，然后主机再处理返回的数据。这种架构使得主机可以管理多个从机，提高了系统的灵活性和效率。需要注意的是，为了实现"一主多从"，主机需要具备足够的带宽和处理能力，以应对同时处理多个从机通信的需求。同时，网络的布线和配置也非常重要，确保信号稳定传输，避免干扰。主、从机之间的通信包括广播模式和单播模式。

（1）广播模式

广播模式通常是指在通信网络中，一个消息被发送到网络上的所有节点，而不是特定的一个接收者，常应用于像 TCP/IP 这样的网络协议中。在 Modbus 协议中并没有明确的"广播模式"，它作为一种点对点的通信协议，其设计初衷是基于一对一的通信，每个设备都有自己的地址，且通信是定向的。

在 Modbus 中，广播功能更多体现在主机将信息同时传递给从机。正常情况下，主机同一时刻只能向一个特定的从机发送请求，而从机收到信息后会响应特定的主机。对于 Modbus TCP 模式，如果需要实现类似广播的功能，可以需要借助于网络机，如网关、集线器，或者通过编程来实现多主机轮询的方式，让每个主机依次向网络上的所有从机发送请求。

对于 Modbus ASCII 模式和 Modbus RTU 模式，无法借助网络设备实现广播功能，可以通过非标准方法模拟。具体做法是，在这类网络应用中通常定义一个特殊的地址，可以设置为"0"，所有从机都不会使用这个地址，但从机接收这一地址的信息并处理后，只接收相应信息，不进行任何输出。

（2）单播模式

Modbus 单播（Unicast）模式是一种针对 Modbus 协议的数据传输方式，它允许设备之间进行点对点的通信。在这种模式下，数据包是定向发送到一个特定的 Modbus 设备地址，而不是广播给网络中的所有设备。这意味着发送方只与预先配置的目标设备进行交互，不会向其他设备发送请求或响应。

在单播模式下，通信过程更加高效，因为它减少了不必要的网络流量和响应时间。例如，当你需要从一台 PLC 读取数据到一个特定的监控设备时，可以使用单播模式，PLC 只会向那个监控设备发送数据请求，而不是广播到整个网络。

为了实现单播模式，通信双方需要知道对方的设备地址，这通常是通过硬件配置或者在设备初始化时设置的。单播模式适用于需要精确控制和高效数据传输的应用场景。

### 3.2.4 Modbus 的帧格式

Modbus 的帧格式是相对简单和灵活的，这使得它能够在不同的通信介质和设备之间进行可靠的数据传输。Modbus 协议定义了一个与基础通信层无关的简单协议数据单元（PDU）。特定总线或网络上的 Modbus 协议映射能够在应用数据单元（ADU）上引入一些附加域。Modbus 协议的帧结构模型如图 3-7 所示。

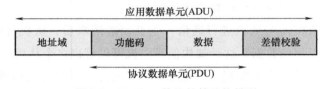

图 3-7 Modbus 协议的帧结构模型

从图 3-7 可以看到 Modbus 通信协议的帧格式通常包括以下几个部分：

1）地址域：用于标识从机的地址，通常是一个字节（1B）长度，主机使用这个地址来选择特定的从机进行通信。

2）功能码：一个字节（1B）长度的字段，用于指示请求的类型。例如，读取保持寄存器的功能码是 03，写单个保持寄存器的功能码是 06 等。功能码帮助从机理解主机发送的请求是读取数据、写入数据还是其他操作。

3）数据：包含实际要传输的数据，可以是读取或写入的寄存器值等。

4）差错校验：通常采用 LRC 或者 CRC，用于确保数据的完整性和准确性。

Modbus 协议的数据帧可以通过串行通信方式，如 RS232、RS485 或者以太网通信进行数据传输。在串行通信中，需要确定发送字节的格式，每个字节之间包括有起始位、数据位、校验位和停止位，字节的格式发送和接收双方必须统一。多个字节组成一个完整的数据帧。Modbus TCP 在通信中，通常使用基于 TCP/IP 的 Modbus TCP 进行数据传输。

在 Modbus 网络通信的两种传输模式 ASCII 或 RTU 中，传输设备以将 Modbus 消息转为有起点和终点的帧，这就允许接收的设备在消息起始处开始工作，读地址分配信息，判断哪一个设备被选中，而广播方式则传给所有设备，判断何时信息已发送完成。部分的消息也能侦测到并且错误能设置为返回结果。下面介绍 ASCII 帧和 RTU 帧的基本组成。

**1. ASCII 帧**

ASCII 报文帧与 RTU 报文帧有着很大的区别，ASCII 报文帧是有起始和结束标识符的，而 RTU 帧没有这样的标识。所以 ASCII 报文帧的接收就简单方便多了，也不需要满足 t3.5（即至少 3.5 个字符时间）的帧间隔时间。

ASCII 帧以 "："对应的 ASCII 码 3AH 开始，以回车和换行符对应的 ASCII 码 0DH 和 0AH 结束，可以传输的字符为十六进制字符 0～9 和 A～F。当 Modbus 网络上的设备检测并

接收一个冒号 ":" 时，网络中的设备就对地址解码，查看地址是否为自身地址，以及特定的广播地址。消息中字符之间发送的时间最大间隔为 1s，若大于 1s，则接收设备就认为出现了一个错误。典型的 ASCII 帧组成结构见表 3-3。

表 3-3　ASCII 帧组成结构

| 起始位 | 设备地址 | 功能码 | 数据 | LRC | 结束码 |
|---|---|---|---|---|---|
| 1 个字符 | 2 个字符 | 2 个字符 | $N$ 个字符 | 2 个字符 | 2 个字符 |

### 2. RTU 帧

RTU 帧的组成结构见表 3-4。使用 RTU 模式，消息发送至少要以 3.5 个字符时间的停顿间隔开始，保证传输过程中帧与帧之间很好地区分，如表 3-4 中的 T1-T2-T3-T4。传输的第一个域是设备地址。可以传输的字符为十六进制字符 0~9 和 A~F。当第一个地址接收到，每个设备都进行解码以判断是否发给自己。在最后一个传输字符之后，经过一个至少 3.5 个字符时间的停顿标定了消息的结束。一条新的消息可在此停顿后开始。帧必须作为连续的流传输。如果在帧完成之前有超过 1.5 个字符时间（t1.5）的停顿时间，接收设备将刷新不完整的消息并假定下一字节是一条新消息的地址域。同样地，如果一条新消息在小于 1.5 个字符时间内接到前一条消息开始，接收的设备将认为它是前一消息的延续。

表 3-4　RTU 帧的结构

| 起始位 | 设备地址 | 功能码 | 数据 | LRC | 结束码 |
|---|---|---|---|---|---|
| T1-T2-T3-T4 | 1 个字节 | 1 个字节 | $N$ 个字节 | 1 个字 | T1-T2-T3-T4 |

在 RTU 模式中，为了标识不同的报文帧，在报文帧之间插入一个空闲时间间隔，在两帧报文之间用至少 3.5 个字符的空闲时间来区分不同的帧，同时标识一帧是否已经完成接收。RTU 帧结构如图 3-8 所示。

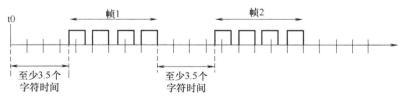

图 3-8　RTU 帧结构

如果前面开始了一次报文帧的传输，接收设备从空闲状态中被唤起，此时因为是两个不同的 Modbus 报文帧，为了对其进行区分，就需要进行一个不少于 3.5 个字符时间的空闲等待，用以确认前一个报文帧已经接收完成。就如图 3-8 中的帧 1 和帧 2 之间，如果间隔的时间等于或者超过了 t3.5 所设定的空闲等待时间，就可以认为前面的帧 1 已经接收完成，后面再过来的数据就属于帧 2。

RTU 报文帧本质是用字符流进行发送的，为了区分不同的报文帧就需要用到 t3.5 的字符间隔，但是报文帧中的每个字符要怎么确认是连续的呢？为了确认字符流的发送连续，就要使用到 t1.5 字符时间。正常帧和非正常帧比较如图 3-9 所示。

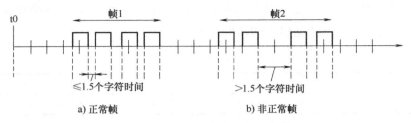

图 3-9　RTU 正常帧和非正常帧

从图 3-9 中可以看到，如果两个字符之间的空闲间隔大于 1.5 个字符时间，则报文帧被认为不完整应该被接收节点丢弃，小于或者等于 1.5 个字符的时间则认为正常。

其实上面说的 t1.5 和 t3.5 这两个时间，从理论上可以很好地判断帧的连续性。但并不是所有的场合都在使用这种方法，由于时间项目应用中，很多时候多报文帧的接收都会涉及中断，特别是在通信速率很高的情况下，会频繁地快速中断，给 CPU 带来很重的负担，这个时候，t1.5 和 t3.5 的时间就会变得很短暂，不能很好地进行帧的连续性判断。所以说，t1.5 和 t3.5 这两个时间一般是在通信速率较低时，如 19200bit/s 甚至更低的时候才需要去严格约定。

由于 ASCII 模式下表示一个十六进制的字节需要用两个字符编码，为了确保 ASCII 模式和 RTU 模式在 Modbus 应用级兼容，ASCII 数据域最大数据长度（2×252）是 RTU 数据域（252）的两倍。因此，Modbus ASCII 帧的最大尺寸为 513 个字符。

### 3.2.5　Modbus 的功能码

Modbus 从机存储的数据类型可以分为布尔量和 16 位整型数。布尔量用于表示 I/O 口的电平高低、灯的开关状态等。16 位整型数用于寄存器数据的存取，表示传感器的数值、输出值的大小、输出值模拟量的大小等。

Modbus 协议规定了四个存储区，分别是 0、1、3、4 区，其中，0 区和 4 区是可读写，1 区和 3 区是只读。Modbus 还给每个区都划分了地址范围。主机向从机获取数据时，只需要告诉从机数据的起始地址，还有获取多少字节的数据，从机就可以发送数据给主机。Modbus 数据模型规定了具体的地址范围，每一个从机都有实际的物理存储，跟 Modbus 的存储区地址相映射，主机读写从机的存储区，实际上就是对从机对应的实际存储空间进行读写。

Modbus 协议下的可操作的数据类型分为四种，即离散量输入、线圈、输入寄存器和保持寄存器。离散量输入表征现场设备的状态，该类型主要取值为 0 和 1，即开和关，该种类型数据为只读型。线圈在 Modbus 协议中表征数字量的输出，其取值和离散量相同，但其属性为可读写。输入寄存器为存储一些传感器采集到的数据，该数据只读。保持寄存器在控制系统中主要为模拟量的输出寄存器，故其为可读写。在数据长度方面，离散量输入和线圈长度为 1 位，而输入寄存器和保持寄存器 16 位，占两个字节。

Modbus 协议中功能码主要分为三种类型，即公共功能码、用户自定义功能码和保留功能码。其中，用户自定义功能码是开发者自己定义的，不用向 Modbus 组织申请，可实现用户自定义功能的功能码，其可用值范围为 65~72 和 100~110；而公共功能码是 Modbus 协议直接定义好，开发时必须支持且是唯一的。

Modbus 规定了多个功能，为了方便地使用这些功能，给每个功能都设定一个功能码，用于指定不同操作的代码。Modbus 协议同时规定了二十几种功能码，但是常用的只有 8 种，用于对存储区的读写，见表 3-5。在这些常用的功能码中，用得最多的就是 03 和 06，一个是读取数据，一个是修改数据。

表 3-5　常用的 Modbus 功能码

| 序号 | 功能码 | 功能说明 |
| --- | --- | --- |
| 1 | 01H | 读取输出线圈 |
| 2 | 02H | 读取输入线圈 |
| 3 | 03H | 读取保持寄存器 |
| 4 | 04H | 读取输入寄存器 |
| 5 | 05H | 写入单线圈 |
| 6 | 06H | 写入单寄存器 |
| 7 | 0FH | 写入多线圈 |
| 8 | 10H | 写入多寄存器 |

## 3.2.6　Modbus 的错误校验

标准的 Modbus 串行网络有两种错误检测方法：奇偶校验和帧校验。奇偶校验对每个字符都可用，帧校验分为 LRC 和 CRC，应用于整条消息。

**1. 奇偶校验**

奇偶校验是一种简单的错误检测技术，用于检查数据传输过程中是否有位错误。它通过在数据位的基础上添加额外的位（称为校验位），来确定数据的"奇偶性"。主要有以下两种常见的奇偶校验方法。

（1）奇校验（Odd Parity）

数据位（$D_1$，$D_2$，$\cdots$，$D_N$）按照顺序连接起来形成一个序列。如果数据单元中"1"的数量已经是奇数，则校验位设置为 0，否则，校验位设置为 1。通常通过计算所有数据位的和来得到校验位的数值，发送数据时，将校验位附加到数据后面。接收端通过重新计算校验位并与接收到的校验位比较，判断是否发生错误。

（2）偶校验（Even Parity）

这与奇校验相反，如果数据单元中 1 的数量已经是偶数，则校验位设置为 0，否则，校验位设置为 1。计算数据位的和来确定校验位的值。接收端同样通过计算和来验证数据的正确性。

在配置时可以决定控制器采用的是奇校验还是偶校验，或是无校验。若设置为奇校验，则为"1"的位数将被计算，如果此时使用的是 ASCII 模式，则需要查看 7 个数据位；如果使用的是 RTU 模式，则查看其中的 8 个数据位。

以一个"11000101"RTU 字符帧为例来说明校验的过程（见图 3-10），它包含 8 个数据位，其中"1"的数目是 4 个。如果使用了偶校验，帧的奇偶校验位将是 0，使得整个数据单元"1"的个数仍是 4 个。如果使用了奇校验，帧的奇偶校验位将是 1，使得整个数据单元"1"的个数是 5 个。采用奇偶校验传输的位数为 8 个数据位+1 个奇偶校验位，共计需要传输 9 位。如果没有指定奇偶校验位，传输时就没有校验位，也不进行校验检测。但是此时需要代替用一个附加的停止位代替校验位填充至要传输的字符帧中。

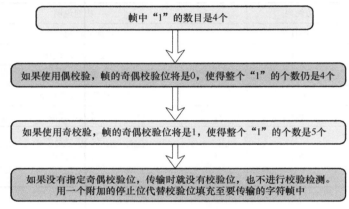

图 3-10　RTU 字符帧奇偶校验流程

奇偶校验不能纠正错误，但它能发现大部分的单比特错误。如果奇偶校验位出错，意味着所接收的数据存在错误，虽然不能定位错误发生的具体位置，但可以通过丢弃已接收的数据，尝试通知发送端重新发送。对于更高级别的错误检测和纠正，通常会使用 CRC（循环冗余校验）等更复杂的校验方法。

**2. 帧校验**

帧校验也称帧错误检测（Frame Error Detection），是一种在数据通信中用于检查传输数据包完整性的技术。它通过在数据帧中添加一个额外的检验位或者使用某种校验算法，来验证数据在传输过程中是否发生错误。当数据帧从发送端发送到接收端时，接收端会执行相应的校验过程，将接收到的数据帧与预期的帧进行对比。如果发现数据帧中的信息与预期不符，比如某个比特位出错，就认为发生了帧错误，然后可能会请求重传，以确保数据的准确性。Modbus 通信中经常使用 LRC 与 CRC。

（1）LRC

纵向冗余校验（Longitudinal Redundancy Check，LRC）是通信中常用的一种校验形式。它是一种从纵向通道上的特定比特串产生校验比特的错误检测方法。LRC 非常适用于采用行列格式存储的数据中，例如磁带记录，数据需要顺序记录、顺序访问，记录的同时也会为数据的数据位形成的比特串生成校验码。在工业领域，Modbus ASCII 模式采用该算法。

LRC 是一种比较简单的校验方法，用于检测数据传输中的错误。与奇偶校验类似，LRC 也涉及在数据后面添加一个校验位或一组校验位，以确保数据的完整性。

LRC 的工作原理如下：

1）对原始数据进行逐位累加或异或运算，具体取决于实现方式。

2）将累加结果转换为二进制，并取反，即将 0 变为 1，1 变为 0。

3）将这个反向的累加结果作为校验码添加到原始数据末尾。

当数据被接收后，接收方也会对数据进行同样的累加或异或操作，并对比生成的校验码。如果两者相同，说明数据在传输过程中没有错误。如果有差异，就可能存在至少一个错误位。

LRC 的优点是实现简单，但它的检测能力有限，只能发现单比特错误，并且无法纠正错误。对于更复杂的数据流，可能会采用 CRC（循环冗余校验）等更先进的校验方法来提供更好的错误检测和恢复能力。

（2）CRC

CRC（Cyclic Redundancy Check，循环冗余校验）是一种广泛应用于数字数据传输中的错误检测算法，利用约定多项式对信道数据进行计算产生一定位数的校验码，被广泛用于监测信道传输过程中是否误码。CRC 通过在数据块的末尾附加一个固定长度的校验码，利用模运算来检测数据在传输过程中是否发生错误。CRC 提供了比奇偶校验更强的错误检测能力，可以检测到多个连续的错误位，甚至在某些情况下可以检测到特定类型的突发错误。CRC 码的长度可以根据需要进行调整，以提高检测错误的能力，但也会因为增加校验码的长度，从而影响数据的传输效率。CRC 过程原理如下：

1）将要传输的数据块和一个固定的生成多项式，通常是一个二进制数一起进行位级的异或（XOR）操作，生成一个临时的校验序列。

2）这个临时校验序列再与生成多项式进行多次异或操作，直到生成的结果全部被消耗掉，剩下的就是 CRC 码。

3）发送端将数据块和 CRC 码一起发送出去。

4）接收端重复相同的计算过程，如果得到的 CRC 码与接收到的校验码匹配，说明数据传输过程中没有错误。如果不匹配，就可能存在错误，接收端通常会丢弃错误的数据并尝试重传。

尽管理论上 CRC 原理的生成多项式 $G(x)$ 和校验的数据长度 $n$ 是任意的，但实际上，行业内规定了各种数据格式生成多项式的国际常用的 CRC 参数模型，其中 Modbus 的多项式公式如式（3-1）所示。

$$x^{16}+x^{15}+x^{2}+1 \tag{3-1}$$

校验码长度为 16bit，在使用中可以通过两种方式对数据进行校验，一种是直接计算法，另一种是查表法。直接计算对于数据量较大时或者运算能力较弱的嵌入式处理器，需要消耗较多时间，采用查表法可以大大提高计算的效率。

使用 RTU 模式传送数据时，消息中包括了一个基于 CRC 错误检测域。CRC 域检测整个消息的内容。CRC 域是两个字节、16 位的二进制值。它由传输设备按 CRC 计算后加入消息中。接收设备重新计算收到消息的 CRC，并与接收到的 CRC 值比较，如果两者值相同，则正确；如果两者值不同，则有误。

比如主机向从机发出"01 06 00 01 00 17 98 04"，其中，"98 04"两个字节是校验位，从机接收到数据后，如果收到的数也是"01 06 00 01 00 17 98 04"，则根据约定的多项式进行 CRC 值计算，必然也会算出"98 04"，这样就和校验位一致，则数据传输无差错。如果上述任何数据发生错误，则计算的结果就和校验位不一致，这说明数据传输有错误，这些数据就要被丢弃，需要重传。CRC 流程如图 3-11 所示。

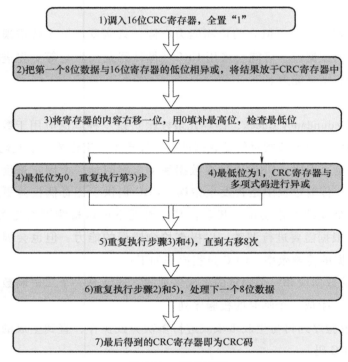

图 3-11　CRC 流程

具体的校验过程说明如下：

1）预置一个 16 位寄存器为 0FFFFH（全 1），称之为 CRC 寄存器。

2）把数据帧中的第一个字节的 8 位与 CRC 寄存器中的低位进行异或运算，结果存回 CRC 寄存器。

3）将 CRC 寄存器向右移一位，最高位填以 0，最低位移出并检测。

4）如果最低位为 0，重复第 3）步（下一次移位）；如果最低位为 1，将 CRC 寄存器与一个预设的固定值（0A001H）进行异或运算。

5）重复第 3）步和第 4）步直到 8 次移位。这样处理完了一个完整的 8 位数据。

6）重复第 2）步~第 5）步来处理下一个 8 位数据，直到所有的字节处理结束。

7）最终得到的 CRC 寄存器的值就是 CRC 的值。

## 3.2.7　Modbus 报文应用实例

编写 Modbus 报文实例需要遵循 Modbus 协议的规范，具体取决于使用的 Modbus 具体模式，如 Modbus RTU、Modbus ASCII 或 Modbus TCP，以及具体应用场景。表 3-6 是一个基本的步骤指南，用于编写 Modbus 报文实例。

表 3-6　Modbus 报文的编写过程

| 序号 | 完成任务 | 任务说明 |
| --- | --- | --- |
| 1 | 确定通信方式 | 确定使用模式为 Modbus RTU、Modbus ASCII、Modbus TCP 中的哪一种。每种方式都有其特定的报文格式和校验方式，Modbus TCP 可以不需要校验 |
| 2 | 设置设备地址 | 确定从机的地址。在 Modbus 通信中，每个设备都有一个唯一的地址，用于主机识别 |
| 3 | 选择功能码 | 根据需求选择适当的功能码。功能码定义了要执行的操作类型，如读取线圈状态、写入保持寄存器等 |
| 4 | 构建数据字段 | 根据所选功能码，构建数据字段。这通常包括寄存器地址、数据长度以及实际要写入或读取的数据 |
| 5 | 计算校验码 | 对于 Modbus RTU 和 ASCII 模式，需要计算并添加校验码，以验证数据的完整性。校验方法因通信方式而异，可能是 CRC（循环冗余校验）或 LRC（纵向冗余校验） |
| 6 | 组装报文 | 将设备地址、功能码、数据字段和校验码组装成一个完整的 Modbus 报文。对于 Modbus TCP 模式，报文通常封装在 TCP/IP 数据包中 |
| 7 | 测试和调试 | 使用 Modbus 调试工具或软件库发送和接收报文，确保通信正常且数据准确 |

以下是按照上述过程完成的一个简单的 Modbus RTU 报文实例，用于读取保持寄存器的值（功能码为 03）。假设从机地址为 01，要读取从地址 0000 开始的两个保持寄存器的值。Modbus RTU 报文编写流程见表 3-7。

表 3-7　Modbus RTU 报文编写流程

| 项目 | 内容 |
| --- | --- |
| 确定通信方式 | Modbus RTU |
| 设置设备地址 | 设备地址：01 |
| 功能码 | 03（读取保持寄存器） |
| 起始地址（高字节） | 00 |
| 起始地址（低字节） | 00 |
| 寄存器数量（高字节） | 00 |
| 寄存器数量（低字节） | 02 |
| CRC 校验值（高字节） | 0B |
| CRC 校验值（低字节） | C4 |

如果使用多项式 $x^{16}+x^{15}+x^2+1$ 作为校验公式，则 CRC 码为 "0x0B" 和 "0xC4"。对于 Modbus TCP 模式，报文格式会有所不同，通常不需要校验码，而是使用 TCP/IP 的头部和校验机制。实际的报文编写过程可能涉及更多的细节和特定的编码规则，如错误处理、数据长度、响应确认等。

## 3.3 Modbus 的调试

### 3.3.1 串口调试工具 VSPD

在进行 Modbus 编程调试时，需要借助一定的软硬件工具。对于 Modbus RTU 模式来说，串口调试工具必不可少。除了外接的 RS485、RS422 等转换模块外，计算机运行的软件小工具也很重要。所有这些功能的实现都离不开串行通信的支持。

串口通信是计算机基本的硬件外设。以前的计算机，基本标配都包含一个串口，但现在的计算机，通常都不配置串口了，改为配置大量的通用串行总线（USB）接口，后续只能通过硬件扩展的方式来实现串口功能了，比如可以通过使用一个 USB 转串口的硬件模块来实现。在进行涉及串口编程，尤其是多串口的情况，可能并不需要直接连接硬件，只希望进行逻辑层面的功能验证。此时就用到了另一种非常适用的工具——虚拟串口。

虚拟串口也称为虚拟 COM 端口，它是一种模拟物理串行接口的软件。尽管是软件，但它完全复制了硬件 COM 接口的功能，并且可以被操作系统和串行应用程序识别为真实端口。这在开发时是非常有价值的，比如在应用程序检测串行输入数据的时候，方便了调试；再比如，多个应用程序之间使用多个串口通信。

VSPD（Virtual Serial Port Driver，虚拟串口工具）软件拥有在虚拟环境中快速调试代码、支持添加无限个虚拟串口等功能，解决在调试程序时受串口设备数量限制，可以完美兼容 Windows 7、Windows 8、Windows 10 以及后续的高版本操作系统。这款 VSPD 软件可以轻松虚拟出多个串口，既可以用来接收数据，也可以用来发送数据，是调试串口的好帮手。尤其是在没有实物硬件的情况下，随意调试串口，满足模仿多串口支持所有的设置与信号线，与真正的 COM 端口功能相差无几。

### 3.3.2 虚拟串口软件的使用

本节将使用 Virtual Serial Port Driver 9.0 Eltima 软件，通过虚拟物理串行接口实现硬件 COM 接口的功能。

在进行点对点串行通信时，通常一台设备作为上位机，一台设备作为下位机。在编程调试时，通常需要先进行软件编程调试，此时并不需要现场连接物理硬件，编程通过后再到现场进行物理连接。可以借助虚拟串口软件 VSPD 虚拟两个串口，实现在一台计算机上，自发自收进行程序调试。请读者根据需要自行下载软件，软件的使用没有任何难度。虚拟 COM1、COM2 的操作如图 3-12 所示，虚拟完成后的 COM1、COM2 如图 3-13 所示。

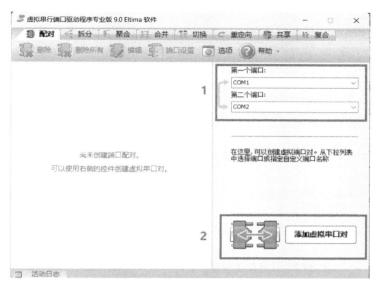

图 3-12　虚拟 COM1、COM2 的操作

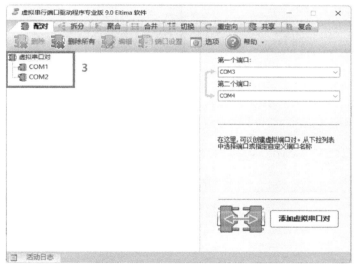

图 3-13　虚拟完成后的 COM1、COM2

为了验证虚拟得到的串口是否被系统识别到，此时可以打开计算机的设备管理器，从图 3-14 中可以看到这两个虚拟串口，它们就像真实硬件一样存在。

为了验证串口收发数据的功能，打开两个串口调试助手，串口助手可直接操作物理串口。在串口助手中可以看到虚拟的串口，将一个串口设置为 COM1，另一个设置为 COM2，然后进行收发测试。发送内容可以采用前面的 Modbus RTU 报文。串口助手利用虚拟串口实现数据互发如图 3-15 所示。

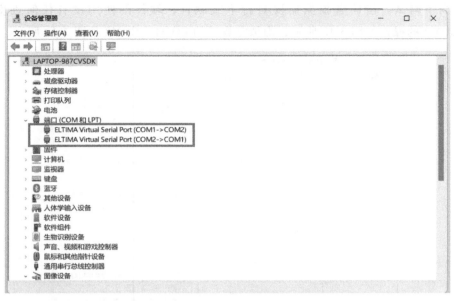

图 3-14  在设备管理器中查看 COM1、COM2 的定义

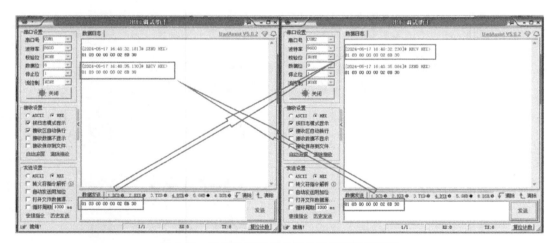

图 3-15  串口助手利用虚拟串口实现数据互发

# 3.4  Modbus 在工业现场控制设备级联应用

## 3.4.1  工业现场设备级联控制需求

设备级联也称为设备互联或设备集成，是指在工业生产环境中，将不同的生产设备、传感器、控制系统等通过网络连接起来，形成一个整体的自动化系统。这种级联通常涉及物联网（IoT）技术，使得设备之间能够相互通信，共享数据，实现设备的协同工作，提高生产

效率，优化生产流程，降低成本，提升产品质量。

设备级联技术的应用广泛，可以显著提升生产效率，降低人工干预，提高产品质量，同时也有助于实现节能减排和预防性维护。随着工业 4.0 和智能制造的发展，设备级联技术将在工业生产中发挥越来越重要的作用。

在工业现场，设备级联控制需求通常涉及以下几个方面：

1）设备集成与互操作性：不同制造商的设备需要能够协同工作，这要求控制协议（如 Modbus、EtherNet/IP、PROFINET 等）具有良好的兼容性和互操作性。

2）远程监控与控制：设备需要能够通过网络进行远程监控和控制，以便于操作人员在任何地方都能查看状态和进行操作，提高生产效率和安全性。

3）数据采集与传输：对传感器、执行器和其他设备的读取和写入操作，数据需要准确、及时地从一个设备传递到另一个设备，或者上传到中央控制系统。

4）故障诊断与报警：设备应具备自我诊断能力，能识别并报告故障，以便快速定位问题并采取相应措施，减少停机时间和维护成本。

5）安全防护：考虑到工业环境的复杂性和安全性要求，控制系统需要支持安全通信，如使用加密技术保护数据，防止未经授权的访问和篡改。

6）可扩展性：随着生产线的扩展或新设备的引入，控制系统应能够轻松添加或替换设备，保持系统的灵活性。

7）实时性能：在生产线上，许多控制任务要求实时响应，因此，数据传输速度和处理能力必须足够快，以满足实时控制需求。

8）标准化接口：统一的接口和通信规范能够简化系统设计和维护，降低实施成本。

9）生命周期管理：支持设备的远程升级和固件更新，以适应不断变化的技术和法规要求。

10）能源效率：在节能和环保的背景下，控制系统需要优化能源使用，如通过智能控制策略来降低能耗。

为了满足这些需求，工业现场通常会采用集成化的控制系统，如 PLC（可编程控制器）、SCADA（Supervisory Control And Data Acquisition）系统，或者基于工业物联网（IIoT）的解决方案，如边缘计算和云计算平台。

设备级联技术主要依赖于以下关键技术：

1）通信技术：如以太网、工业以太网、无线通信（如 Wi-Fi、LoRa、ZigBee 等）以及专为工业环境设计的通信协议（如 Modbus、PROFINET、EtherNet/IP、OPC UA 等）。

2）网络架构：设备级联通常采用星形、环形、总线型或网状网络结构，根据实际需求灵活部署。

3）数据采集与处理技术：设备通过传感器收集数据，通过 PLC 或边缘计算设备进行数据处理和分析。

4）自动化控制技术：通过设备间的通信，实现设备的协同工作，如根据上游设备的状态自动调整下游设备的操作。

5）远程监控与管理技术：通过云端或本地服务器，实现对设备的远程监控和管理，提高运维效率。

6）安全机制：设备级联技术通常会涉及网络安全，如数据加密、访问控制等，以保护设备和生产数据不受非法访问。

7）标准化与互操作性：设备级联需要遵循国际或行业标准，确保不同制造商设备间的兼容性和互操作性。

### 3.4.2　工业现场设备级联中的 Modbus 通信实例

Modbus 现在已经成为一种广泛使用的标准，以其简单、灵活、高效的特点，广泛应用于需要设备间通信的各种工业和非工业环境中，如工业自动化、建筑自动化、能源管理、交通信号控制、智能家居、船舶和飞机自动化等诸多领域。在工业现场，有许多设备可以采用 Modbus 通信协议，下面列举几大类。

1）可编程控制器（PLC）：这是 Modbus 的主要目标设备，许多早期的 PLC 都内置了 Modbus 功能，使其能够与其他 Modbus 兼容的设备通信。鉴于 Modbus 应用的广泛性，现在绝大多数 PLC 都内置了功能单元。

2）仪表和传感器：包括温度、压力、流量、液位等各种工业测量设备，可以采用 Modbus 通信模式与上层系统进行数据交互。

3）伺服驱动类设备：包括变频器、电机驱动器和控制器，这类设备可以使用 Modbus 进行速度、位置、电流等参数的控制和监控。

4）安防与门禁类设备：一些智能设备如门禁系统、电梯、安防系统等，也可能支持 Modbus 接口。

5）环境控制类设备：如恒温器、空调等，可以通过 Modbus 与中央控制系统通信。

6）能源管理类设备：如电表、分布式能源管理系统等。

上面列举的并不全面，许多对实时性要求不严格的设备都可以采用 Modbus 来进行级联。工业现场设备级联中的 Modbus 通信框架如图 3-16 所示。

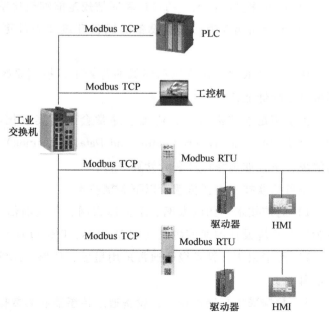

图 3-16　工业现场设备级联中的 Modbus 通信框架

# 3.5 Modbus 通信实验

## 3.5.1　实验目的

1）理解和掌握基于 Modbus TCP 的工业设备通信原理。

2）熟悉控制指令发送和状态信息反馈的过程。

实验

## 3.5.2　实验相关知识点

1）Modbus TCP 基础。

2）触摸屏和 PLC 通过 Modbus TCP 通信。

## 3.5.3　实验任务说明

实验台由 PLC、HMI 触摸屏组成，HMI 为主站，PLC 为从站，HMI 触摸屏向 PLC 发送位读、位写请求报文，PLC 返回相应内容的报文。实验台整体网络架构和通信如图 3-17 所示。

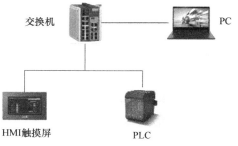

图 3-17　网络架构图

## 3.5.4　实验设备

实验设备及辅助工具见表 3-8。

表 3-8　实验设备及辅助工具表

| 硬件/软件/辅助工具名称 | 型号/版本 | 数量 | 单位 |
| --- | --- | --- | --- |
| DCCE（大连理工计算机控制工程有限公司）PLC | MAC1680 | 1 | 台 |
| DCCE HMI 触摸屏 | TP210E | 1 | 台 |
| 交换机 | EDS-510A | 1 | 台 |
| Wireshark 软件 | — | 1 | 套 |

## 3.5.5　实验原理

**1. 通信方式**

PLC 和 HMI 触摸屏之间是基于 Modbus 协议进行通信的。HMI 触摸屏向 PLC 发送位读、位写请求报文，PLC 返回相应内容的报文。

**2. 寻址范围**

（1）寻址范围

Modbus 协议根据位寻址与字寻址功能，使用两套地址，本实验使用的是位寻址。

（2）位寻址范围

只有位寻址指令可以进行位寻址（Modbus 功能号为 01 02 05 15），位寻址变量区与 Modbus 地址对照见表 3-9。

表 3-9　位寻址变量区与 Modbus 地址对照表

| 寄存器名称 | 寻址范围 | Modbus 地址 | 操作 |
| --- | --- | --- | --- |
| I | 0.0~3.15 | 0~63 | 只读 |
| XI | 0.0~255.15 | 64~4159 | 只读 |
| T | 0.0~7.15 | 4160~4287 | 只读 |
| C | 0.0~7.15 | 4288~4415 | 只读 |
| SM | 0.0~511.15 | 4416~12607 | 读写 |
| XQ | 0.0~255.15 | 12608~16703 | 读写 |
| Q | 0.0~3.15 | 16704~16767 | 读写 |
| V | 0.0~511.15 | 16768~24959 | 读写 |
| M | 0.0~255.15 | 24960~29055 | 读写 |
| S | 0.0~15.15 | 29056~29311 | 读写 |
| L | 0.0~15.15 | 29312~29567 | 读写 |
| EI | 0.0~31.15 | 29568~30079 | 读写 |
| EQ | 0.0~31.15 | 30080~30591 | 读写 |

PLC 变量区定义如图 3-18 所示。

| | | |
| --- | --- | --- |
| M0.14 | 0x618E(24974) | 位变量 |
| M0.15 | 0x618F(24975) | 位变量 |
| M1.00 | 0x6190(24976) | 位变量 |
| M1.01 | 0x6191(24977) | 位变量 |
| M1.02 | 0x6192(24978) | 位变量 |
| M1.03 | 0x6193(24979) | 位变量 |
| M20.02 | 0x62C2(25282) | 位变量 |
| M20.03 | 0x62C3(25283) | 位变量 |
| M20.04 | 0x62C4(25284) | 位变量 |
| M20.05 | 0x62C5(25285) | 位变量 |

图 3-18　PLC 变量区

### 3. 位寻址报文格式与示例

位寻址是指对单个位（1bit）进行读写操作，支持的 Modbus 功能码见表 3-10。

表 3-10　位寻址支持的 Modbus 功能码

| Modbus 功能码 | 功能含义 | 操作数量 |
| --- | --- | --- |
| 01 | 读线圈状态 | 单个或多个 |
| 02 | 读离散量输入状态 | 单个或多个 |
| 05 | 写单个线圈 | 单个 |
| 15 | 写多个线圈 | 多个 |

### 3.5.6　实验步骤

#### 1. 准备工作

按照图 3-19 所示网络拓扑图进行网络连接。

#### 2. 配置 PLC 和 HMI 触摸屏的通信参数

使用 DCCE HMIware 软件对触摸屏和 PLC 进
行配置，如图 3-20 所示，并将硬件组态下载到触
摸屏中。

#### 3. 启动通信并捕获流量

首先，进入交换机的管理页面，开启端口镜
像功能，并将端口 1 的数据镜像到端口 3 上，这
样，我们就可以通过端口 3 获取端 1 的所有数据信息。

打开 Wireshark 软件进行数据流量的抓取。

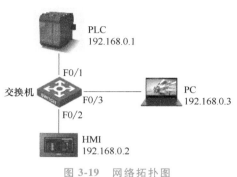

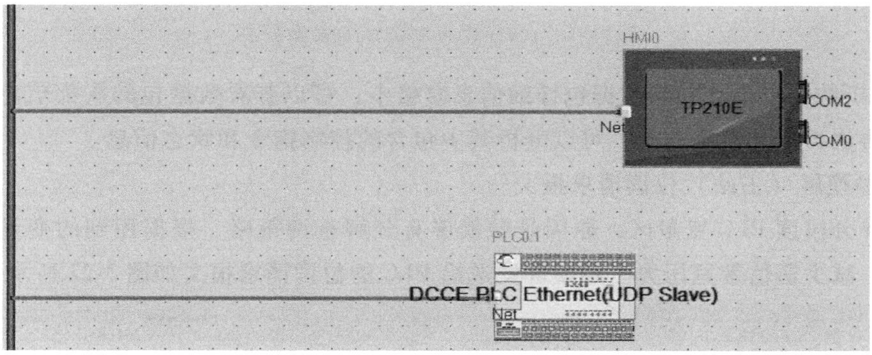

图 3-19　网络拓扑图

图 3-20　触摸屏的硬件组态

1）选择网络接口：在 Wireshark 窗口中，选择正确的网络接口，以便捕获所需的通信流量。

2）开始捕获：单击 Wireshark 界面上的"开始捕获"图标按钮，开始捕获所选网络接
口上的数据包。

3）停止捕获：捕获到足够的数据包时，单击 Wireshark 界面上的"停止捕获"图标按
钮来停止捕获过程。

4）保存数据包：可以将捕获到的数据包保存到文件中以供进一步分析。在 Wireshark
界面上，选择"文件"→"保存"命令来保存数据包。

#### 4. 分析数据包

1）打开 Wireshark 并加载捕获的数据包：打开 Wireshark 软件，导入捕获到的数据包文
件（通常是 .pcapng 格式），如图 3-21 所示。

2）选中特定数据包：浏览捕获到的数据包列表，选中感兴趣的数据包，如触摸屏发送
给 PLC 的位读、位写请求报文或 PLC 反馈给触摸屏的位读、位写应答报文。

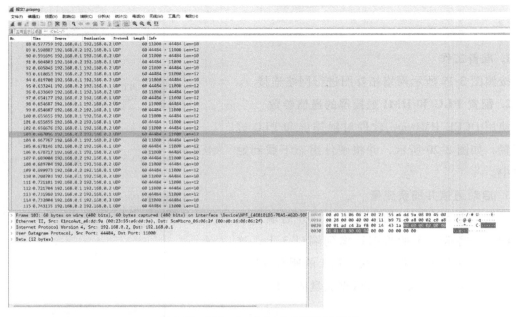

图 3-21  Wireshark 加载捕获的数据包

**3）分析数据包内容**：在数据包详细信息窗格中，可以查看数据包的头部信息和数据部分。根据协议类型和数据内容，可以分析其中包含的控制指令和状态信息。

**（1）触摸屏（主站）位读请求报文**

触摸屏分段读 PLC 变量区，原因是触摸屏有分解查询策略，根据用到的变量区指定查询的报文，减少通信带宽压力。触摸屏发送给 PLC 的位读请求报文如图 3-22 所示。

> Frame 103: 60 bytes on wire (480 bits), 60 bytes captured (480 bits) on interface \Device\NPF_{4E8181D3-7BA5-482D-!
> Ethernet II, Src: KincoAut_a6:dd:9a (00:23:55:a6:dd:9a), Dst: ScmMicro_06:06:2f (00:d0:16:06:06:2f)
∨ Internet Protocol Version 4, Src: 192.168.0.2, Dst: 192.168.0.1
       0100 .... = Version: 4
       .... 0101 = Header Length: 20 bytes (5)
   > Differentiated Services Field: 0x00 (DSCP: CS0, ECN: Not-ECT)
       Total Length: 40
       Identification: 0x0000 (0)
   > 010. .... = Flags: 0x2, Don't fragment
       ...0 0000 0000 0000 = Fragment Offset: 0
       Time to Live: 64
       Protocol: UDP (17)
       Header Checksum: 0xb971 [validation disabled]
       [Header checksum status: Unverified]
       Source Address: 192.168.0.2
       Destination Address: 192.168.0.1
∨ User Datagram Protocol, Src Port: 44484, Dst Port: 11000
       Source Port: 44484
       Destination Port: 11000
       Length: 20
       Checksum: 0x431a [unverified]
       [Checksum Status: Unverified]

```
0000   00 d0 16 06 06 2f 00 23   55 a6 dd 9a 08 00 45 00   ·····/·#  U·····E·
0010   00 28 00 00 40 00 40 11   b9 71 c0 a8 00 02 c0 a8   ·(··@·@·  ·q······
0020   00 01 ad c4 2a f8 00 14   43 1a 00 00 00 00 00 06   ····*···  C·······
0030   01 01 61 90 00 04 00 00   00 00 00 00               ··a·······
```

图 3-22  触摸屏（主站）发送位读请求报文

报文内容说明见表 3-11。

表 3-11　报文内容说明

| 报文 | 00 00 | 00 00 | 00 06 | 01 | 01 | 61 90 | 00 04 |
|---|---|---|---|---|---|---|---|
| 说明 | 消息号<br>(2B) | 协议标识<br>(2B) | 后字节数<br>(2B) | 地址站号<br>(1B) | 功能码<br>(1B) | 地址<br>(2B) | 读取长度<br>(2B) |

1）消息号：请求是多少应答也为多少，用于区分并发的应答报文，本例程中发一个收一个，无并发情况，因此均为 0。

2）协议标识：0 表示 Modbus 协议。

3）后字节数：后面字节数之和，用于可靠性验证。

4）地址站号：在基于以太网的 Modbus 中用处不大，均为 1，在基于串口总线的 Modbus 中区分站号。

5）功能码：01 表示位读取。

6）地址：十六进制的 6190 为十进制的 24976，表示 M1.0。

7）读取长度：表示从 M0.0 开始读 4 位值，即 M1.0、M1.1、M1.2、M1.3 这 4 位。

（2）PLC（从站）发送位读应答报文

PLC 发送给触摸屏的位读应答报文如图 3-23 所示。

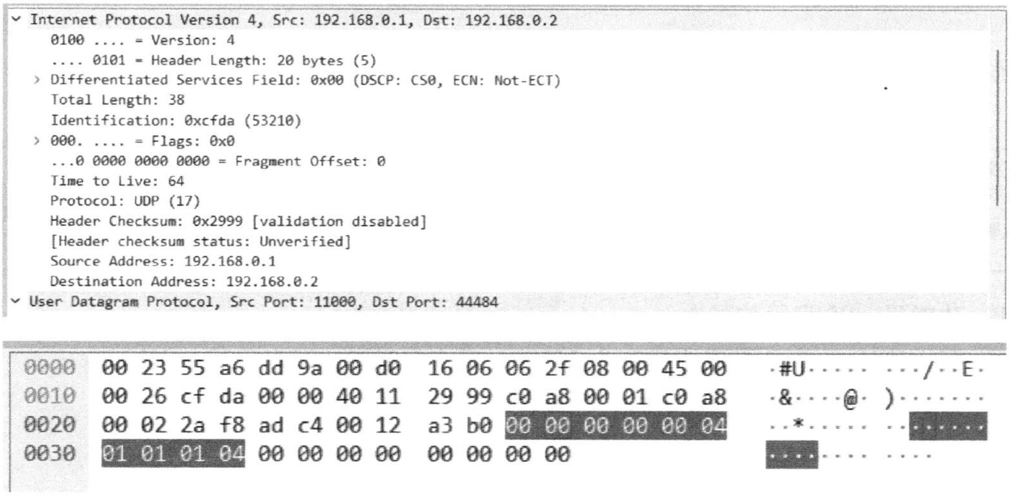

图 3-23　PLC（从站）发送位读应答报文

报文内容说明见表 3-12。

表 3-12　报文内容说明

| 报文 | 00 00 | 00 00 | 00 04 | 01 | 01 | 01 | 04 |
|---|---|---|---|---|---|---|---|
| 说明 | 消息号<br>(2B) | 协议标识<br>(2B) | 后字节数<br>(2B) | 地址站号<br>(1B) | 功能码<br>(1B) | 读字节数<br>(1B) | 读取字节<br>($nB$) |

1）功能码：01 表示位读取。

2）读字节数：即后面的数据位有 1 个字节。

3）读取字节：读取字节的最低位即对应 M1.0 的值，次低位为 M1.1 的值，在这里读取的 M1.3 值为 0，M1.2 值为 1，M1.1 值为 0，M1.0 值为 0，二进制 0100 为十六进制的 4。

（3）触摸屏（主站）位写请求报文

触摸屏发送给 PLC 的位写请求报文如图 3-24 所示。

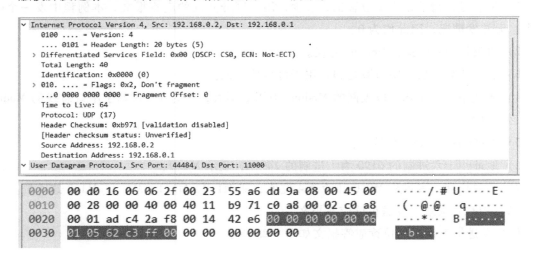

图 3-24　触摸屏（主站）发送位写请求报文

报文内容说明见表 3-13。

表 3-13　报文内容说明

| 报文 | 00 00 | 00 00 | 00 06 | 01 | 05 | 62 c3 | ff 00 |
|---|---|---|---|---|---|---|---|
| 说明 | 消息号<br>（2B） | 协议标识<br>（2B） | 后字节数<br>（2B） | 地址站号<br>（1B） | 功能码<br>（1B） | 写入地址<br>（2B） | 写入值<br>（2B） |

1）功能码：05 表示位写入。

2）写入地址：62 c3 转成十进制为 25283，对应 M20.3，即表示写入 M20.3。

3）写入值：写入高电平为 ff 00，写入低电平为 00 00，这里是写入高电平。

（4）PLC（从站）发送位写应答报文

PLC 发送给触摸屏的位写应答报文如图 3-25 所示。

报文内容说明见表 3-14。

表 3-14　报文内容说明

| 报文 | 00 00 | 00 00 | 00 06 | 01 | 05 | 62 c3 | ff 00 |
|---|---|---|---|---|---|---|---|
| 说明 | 消息号<br>（2B） | 协议标识<br>（2B） | 后字节数<br>（2B） | 地址站号<br>（1B） | 功能码<br>（1B） | 写入地址<br>（2B） | 写入值<br>（2B） |

- 功能码：05 表示位写入。

```
∨ Internet Protocol Version 4, Src: 192.168.0.1, Dst: 192.168.0.2
     0100 .... = Version: 4
     .... 0101 = Header Length: 20 bytes (5)
  > Differentiated Services Field: 0x00 (DSCP: CS0, ECN: Not-ECT)
     Total Length: 40
     Identification: 0xcfd8 (53208)
  > 000. .... = Flags: 0x0
     ...0 0000 0000 0000 = Fragment Offset: 0
     Time to Live: 64
     Protocol: UDP (17)
     Header Checksum: 0x2999 [validation disabled]
     [Header checksum status: Unverified]
     Source Address: 192.168.0.1
     Destination Address: 192.168.0.2
∨ User Datagram Protocol, Src Port: 11000, Dst Port: 44484

0000   00 23 55 a6 dd 9a 00 d0  16 06 06 2f 08 00 45 00    ·#U·····  ···/··E·
0010   00 28 cf d8 00 00 40 11  29 99 c0 a8 00 01 c0 a8    ·(····@·  )·······
0020   00 02 2a f8 ad c4 00 14  42 e6 00 00 00 00 00 06    ··*·····  B·······
0030   01 05 62 c3 ff 00 00 00  00 00 00 00                ··b·····
```

图 3-25　PLC（从站）发送位写应答报文

● 写入值：返回写入的状态供主站确认写入完成，若没收到或收到错误值，会进入错误处理机制。

## 3.5.7　实验练习题

从保存数据包中找出触摸屏对 PLC 其他变量区的位读取请求、位读取应答的信息，从中分析不同数据的差异。

习 题

1. Modbus 协议起源于什么时候？在我国的标准是什么？

2. Modbus 的通信标准有哪些？各自有什么特点？

3. 什么是 LRC？它有什么特点？

4. 什么是 CRC？它有什么特点？

5. 进行 CRC 的基本流程是什么？

6. 基于串口的 Modbus RTU 和基于以太网的 Modbus TCP 有何异同？

7. Modbus 功能码分为几类？各自的功能和含义是什么？

8. 简述 Modbus RTU、Modbus ASCII 模式发送数据的差异性。

9. Modbus 广播模式、单播模式指的是什么？如何实现各自功能？

科学家科学史

"两弹一星"功勋科学家：王希季

# 第 4 章

# PROFINET工业以太网及应用

PPT 课件　　课程视频

## 4.1 PROFINET 网络概述

PROFINET 的全称是 "Process Field Network"，意为过程现场网络。它是由 PROFIBUS 国际组织（PI）提出的一种工业以太网总线标准，设计目标是提供一种高度可靠、高性能、可扩展的通信平台，以满足现代工业自动化和生产过程中的各种需求。凭借西门子等公司的强大研发实力和技术积累，PROFINET 为工业自动化通信领域的不同需求提供了一个完整和高效的网络解决方案。PROFINET 提供了适用于实时自动化行业的开放式以太网技术，并且可以无缝集成现有的工业现场总线系统。从 2014 年 9 月起，PROFINET 已成为我国推荐性的国家标准。

以太网应用到工业控制场合后，经过改进使用于工业现场的以太网，就称为工业以太网。例如，西门子的网卡 CP343-1 或 CP443-1 通信就是采用 ISO 或 TCP 连接等。这样所使用的 TCP 和 ISO 就是应用在工业以太网上的协议。

PROFINET 同样是西门子 SIMATIC NET 是众多协议的集合中的一个协议，还包括 PROFINET I/O RT、CBA RT、I/O IRT 等实时协议。PROFINET 和工业以太网无法直接对比，只能说 PROFINET 是工业以太网上运行的实时协议而已。在工业控制领域，实际称有些网络是 PROFINET 网络，只是因为这个网络上应用了 PROFINET 相应协议而已。

PROFINET 是一种支持分布式自动化的高级通信系统。除了通信功能外，PROFINET 还包括了分布式自动化概念的规范，它是一种基于与制造商无关的对象和连接编辑器的描述，使用了 XML 格式语言。通常，以太网 TCP/IP 被用于智能设备之间时间要求不严格的通信。对时间有严格要求的实时数据，可以通过标准的 PROFIBUS DP 现场总线技术传输，数据可以从 PROFIBUS DP 网络通过代理集成到 PROFINET 系统。PROFINET 是唯一使用已有的 IT 标准，没有定义专用工业应用协议的总线。它的对象模式的是基于微软公司组件对象模式（COM）技术。对于网络上所有分布式对象之间的交互操作，均使用微软公司的 DCOM 协议和标准 TCP 和 UDP。

由于 PROFINET 自身所具备的灵活性、开放性、高性能和高效性，以及全球最大的现场总线组织 PI 的大力推动和技术支持，PROFINET 成为市场上应用广泛的工业以太网总线标准。下面分别就 PROFINET 的关键技术实时通信、集成 PROFINET I/O 和分布式自动化中创建模块化设备系统 PROFINET CBA 相关内容进行介绍。

## 4.1.1　PROFINET 的技术特点

PROFINET 是 IEC 61158 公布的第 10 类现场总线/工业以太网标准，它属于实时以太网。PROFINET 是工业 4.0 时代的关键通信技术，它整合了传统工业通信和现代信息技术，提高了生产效率，降低了维护成本，促进了智能制造的发展。

PROFINET 是一种开放式的架构，可以与传统的互联网互连互通，也就是俗称"一网到底"。其含义是通过一个网络就可以将现场层、控制层和管理层相连，实现数据的交互，同时还便于管理和维护。PROFINET 支持线形、星形、树形、环形等网络拓扑结构，节点增删灵活，可以根据需要灵活添加或删除节点；支持 PROFIsafe、PROFIdrive、PROFIenergy 三大行规，通过行规可以实现安全、运动控制和节能等功能；具有极高的通信速率和极低的抖动，保证数据交互的实时和准确；支持诊断功能，可以快速定位到故障节点。

在 PROFINET 概念中，设备和工厂被分成技术模块，每个模块包括机械、电子和应用软件。这些组件的应用软件使用专用的编程工具进行开发并下载到相关的控制器中。这些专用软件实现 PROFINET 组件软件接口，能够将 PROFINET 对象定义导出为 XML。XML 文件用于输入制造商无关的 PROFINET 连接编辑器来生成 PROFINET 元件。连接编辑器对网络上 PROFINET 元件之间的交换操作进行定义。最终，连接信息通过以太网 TCP/IP 下载到 PROFINET 设备中。

PROFINET 基于工业以太网，具有很好的实时性，可以直接连接现场设备，此时使用 PROFINET I/O；PROFINET 支持分布的自动化控制方式，使用组件化进行系统设计，此时使用 PROFINET CBA，相当于主站间的通信。PROFINET 的技术优势主要体现在以下几点：

1）高速传输性：PROFINET 支持多种数据传输速率，包括 10Mbit/s、100Mbit/s 和 1Gbit/s，甚至更高的 10Gbit/s，能够实现实时数据传输，满足高速控制和数据采集的需求。

2）实时性和保障性：一般使用 PROFINET 通信，其响应时间将小于 10ms。PROFINET 还支持等时同步实时（IRT），在运动控制等时间要求严苛的场合，当使用 IRT 模式时提供实时通信，可以确保数据传输的低延迟和高精度，其响应时间小于 1ms，特别适合对时间敏感的工业应用，如机器人、运动控制和生产流水线。

3）网络架构统一性：PROFINET 将 TCP/IP 技术和工业现场总线的优势结合起来，形成一个统一的网络架构，支持点对点（P2P）、星形和环形拓扑，以及跨设备的复杂通信。

4）安全性：数据通信安全至关重要，PROFINET 支持安全通信，包括数据加密和认证，保护工业网络免受未经授权的访问和攻击。

5）接口标准化：PROFINET 具有较为严格的接口标准，使用 PROFINET I/O 作为标准接口层，简化了设备间的连接，使得不同制造商的设备可以无缝集成。

6）开放性和兼容性：PROFINET 基于标准的以太网技术，兼容现有的工业设备和网络基础设施，同时也能与企业级 IT 系统无缝集成。

7）可扩展性：PROFINET 具有优秀的可扩展性，当网络规模扩大后，它能够轻松地增加节点和连接，保持系统的灵活性和未来扩展性。

## 4.1.2　PROFINET 连接的网络结构

在以太网传输的 OSI 7 层参考模型中，PROFINET 的服务协议位于第 5~7 层，其中第 1~4 层使用的还是百兆以太网，其功能框图如图 4-1 所示。

## 4.1.3　PROFINET 连接的物理介质

PROFINET 网络传输需要一定的物理介质，网络基于 IEEE 802.3 以太网，其传输介质可以是有线的，也可以是无线的。在工业现场使用最多的是有线网络，构建网络离不开有线介质网线，以下介绍适合 PROFINET 网络使用的网线。

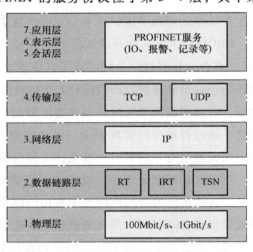

图 4-1　**PROFINET 传输的 OSI 参考模型图**

### 1. PROFINET 的网线

PROFINET 的通信协议基于以太网，基础是百兆以太网。百兆以太网的有线传输介质通常使用双绞线或光纤。使用双绞线时，只需要使用网线中的 1、2、3、6 号线，因此基于百兆以太网的 PROFINET 网线只有 4 根线。典型的工业用 PROFINET 网线是一条 4 芯、带屏蔽的绿色线缆。网线中的 4 芯分别是白色、黄色、橙色和蓝色。黄色和橙色组成双绞线，白色和蓝色组成双绞线，双绞线有利于增强抗干扰能力。

使用 4 芯网线可以满足全双工的通信方式，数据的发送和接收可以同时进行，最大支持 100Mbit/s 的传输速率，传输距离最长为 100m。如果超过了 100m，就要对信号进行加强，此时可以使用交换机，功能类似于 PROFIBUS 总线中继器。

PROFINET 网线根据使用场合的不同，大致可以分成以下 4 类：A 类，用于静止不动的安装场合；B 类，可用于偶尔运动或振动的安装场合；C 类，用于运动的安装场合，比如拖链或旋转机器；R 类，用于机器人等特殊场合。

PROFINET 的基础是百兆以太网，通信介质是 4 芯网线，是否可以用普通家用或商用网线代替 PROFINET 所使用网线呢？从原理上说是可以的，但在工业生产中不建议这么做。家用或商用网线的使用环境和工业使用环境大相径庭，因此对网线的强度、抗干扰能力等方面要求也不在一个水平。如果强行替换，势必会对后续长期运行的可靠性留下隐患，为此影响了生产运行就得不偿失了。毕竟 PROFINET 专用网线是针对工业现场环境强干扰等比较恶劣的使用环境设计的。

**2. PROFINET 网线接头**

常见的 PROFINET 网线接头有 RJ45 接头和 M12 圆形接头两类。RJ45 接头有 90° 和 180° 两种，PROFINET 网线接头如图 4-2 所示。

图 4-2　PROFINET 网线接头

**3. PROFINET 的光纤**

当 PROFINET 网络的传输距离大于 100m 时，除可以使用交换机对信号加强外，还可以使用光纤传输更远距离的信号。光纤的传输距离可以覆盖几千米，甚至 100km。光纤使用光传输，可以完全隔离电磁干扰，特别适用于工业现场电磁干扰比较严重的场合。一般光纤的内部包括了两条平行的光缆。常见的用于 PROFINET 网络的光纤有 4 种：聚合物光纤（POF）、光子晶体光纤（PCF）、多模玻璃光纤和单模玻璃光纤。PROFINET 光纤根据应用场合也可以分成两类：B 类，用于静止不动或稍微弯曲的安装场合；C 类，用于运动、振动或扭曲的安装场合。

**4. 交换机**

交换机可以加强并转发以太网的信号。使用网线传输的以太网最长距离是 100m，超过了 100m，就可以使用交换机对信号进行增强，当然也可以使用光纤，尤其是距离更远的场合。

交换机可以分为非管理型交换机和管理型交换机。非管理型交换机也称为非智能交换机或无管理交换机，是指不具备网络管理系统（Network Management System，NMS）功能的交换机。这类交换机通常没有内置的管理界面或者远程管理功能，如 Web 界面、SNMP（简单网络管理协议）等，用户不能通过网络对其进行配置、监控和故障诊断。只是工作在数据链路层的网络设备，数据的转发是基于介质访问控制（MAC）地址的。简单理解，它就是仅仅起到信号加强与转发的功能，并且不能用于跨网段传输的网络设备。

在非管理型交换机中，配置和管理主要依赖于物理连接和命令行界面，需要通过串口或者 Console 线进行本地操作。它们通常具有基本的交换功能，如 VLAN（虚拟局域网）划分、端口设置等，适合小型网络环境，成本相对较低。

管理型交换机，也称为智能交换机或网管交换机，是一种具有高级网络管理功能的设备。这些交换机通常配备了内置的网络管理系统，支持通过网络进行远程管理和配置，大大提高了网络管理员的工作效率。它工作在 OSI 参考模型的网络层，支持路由功能，可以划分 VLAN 等。管理型交换机相当于人们常说的路由器，可以跨网段传输数据。

普通的家用或商用交换机不建议用于 PROFINET 网络，因为它们通常没有经过 PROFINET 一致性等级认证，可能不满足 PROFINET 网络的一致性等级要求。PROFINET I/O 的一致性等级（Conformance Class，CC）强调了数据一致性、可靠性和实时性能。它的一致性主要由以下几个方面来确保，具体见表 4-1。

表 4-1　PROFINET I/O 的一致性表现

| 序号 | 表现方面 | 解释说明 |
|---|---|---|
| 1 | 帧同步 | PROFINET I/O 使用精确的时间同步协议,如 IEEE 61588(PTP),以确保网络中所有节点在同一时间上进行通信,从而保证数据传输的准确性 |
| 2 | 数据完整性 | 通过使用前向纠错(Forward Error Correction,FEC)编码,可以检测并纠正数据传输过程中的错误,提高数据的一致性 |
| 3 | 硬件兼容性 | PROFINET I/O 定义了一套严格的硬件接口和通信规范,确保不同制造商的设备能够无缝集成,并且数据交换不会因为硬件差异导致不一致 |
| 4 | 服务质量(QoS)管理 | PROFINET I/O 支持 QoS 机制,可以根据数据的优先级和实时性需求分配带宽,保证关键数据的一致性 |
| 5 | 高可用性 | 通过冗余网络结构(如环形或星形拓扑)及故障切换机制,确保在设备故障时,数据传输的连续性和一致性 |
| 6 | 过程数据模型 | PROFINET I/O 支持过程数据对象(PDO),这是一种标准化的数据模型,确保了设备间数据交换的统一性和一致性。 |

PROFINET I/O 的一致性等级规定了设备必须具备的功能及一些可选项功能，它是 PROFINET I/O 取得认证的标准。PROFINET 一致性等级可分成三个等级：CC-A，提供集成实时通信的 PROFINET I/O 基本功能；CC-B，在 CC-A 的基础上，提供网络诊断及管理功能；CC-C，在 CC-B 的基础上，提供等时同步实时（IRT）通信的功能。

应用于 PROFINET 网络的交换机，至少要具有 CC-A 等级认证。具有该等级认证的交换机，可以不是 PROFINET I/O 设备，也就是说可以不用在硬件中组态，一般这种都是非管理型交换机。具有 CC-B 等级认证的交换机一般都是管理型交换机，它们作为一个 PROFINET I/O 设备，需要在硬件中组态。如果要进行运动控制等需要 IRT 通信的场合，必须使用 CC-C 等级的交换机。

## 4.1.4　PROFINET 与 PROFIBUS 的差异性

PROFIBUS 是一种国际化、开放式、不依赖于设备生产商的现场总线标准，具有较大影响力，广泛适用于制造业自动化、流程工业自动化和楼宇、交通电力等其他领域自动化。PROFIBUS 传输速度可在 9.6kbaud~12Mbaud 范围内选择，当总线系统启动时，所有连接到总线上的装置应该被设成相同的速度。

PROFIBUS 属于工厂自动化车间级监控，可实现现场设备层数据通信与控制的现场总线技术，可用于现场设备层到车间级监控的分散式数字控制，从而为实现工厂综合自动化和现场设备智能化提供了可行的解决方案。

PROFINET 是一种以太网通信系统，由西门子公司和 PROFIBUS 用户协会（PNO）开发。PROFINET 具有多制造商产品之间的通信能力，采用自动化和工程模式，并针对分布式智能自动化系统进行了优化，其应用结果能够大大节省配置和调试费用。PROFINET 系统集成了基于 PROFIBUS 的系统，提供了对现有系统投资的保护。它也可以集成其他现场总线系统。

PROFINET 可以看作是 PROFIBUS 的以太网版本，相当于将它的主从结构移植到以太网上。在 PROFINET 会有控制器（Controller）和设备（Device），二者之间的关系对应于 PROFIBUS 的主机和从机，当然这样等效是不严密的，毕竟二者还是有区别的，但这样有助于理解二者关系。从结构上看，PROFINET 是把 PROFIBUS 的主从结构和 EtherNet 的拓扑结构相结合的产物。由于 PROFINET 有控制器这样的控制单元，可以保证控制的等时性精度。

PROFINET 和 PROFIBUS 在技术上有以下主要区别：

1）通信速度：PROFINET 基于工业以太网技术，可达到 100Mbit/s 的高速数据传输，PROFIBUS 的最高传输速率一般为 12Mbit/s（PROFIBUS-DP）或 1.5Mbit/s（PROFIBUS-PA）。这使得 PROFINET 能够支持更复杂的实时控制和大数据量传输。

2）网络结构：PROFINET 支持星形、环形、树形等多种网络拓扑，且网络规模不受限制，可扩展性强。而 PROFIBUS 通常采用星形拓扑，虽然可以增加节点，但扩展性相对有限。

3）协议栈：PROFINET 基于 TCP/IP，支持标准的以太网技术和协议，如 OSI 参考模型的七层结构。这使得它可以轻松集成到企业网络中，并能与互联网无缝连接。而 PROFIBUS 采用的是自己的协议栈，虽然简化了操作，但在与外部网络的互操作性上可能较差。

4）服务质量（QoS）：PROFINET 提供更好的服务质量保证，可以优先处理关键数据包，确保关键任务的实时性。而 PROFIBUS 没有内置的 QoS 机制，对实时性要求高的应用可能需要额外的优化。

5）集成能力：PROFINET 支持面向服务的架构（SOA），设备之间可以直接通信，无需中间服务器，提高了系统的灵活性和效率。PROFIBUS 则需要通过专用的通信模块或服务器进行数据交换。

6）安全性：PROFINET 提供了更高级别的安全性，如加密、认证和访问控制，适用于安全要求较高的工业环境。而早期的 PROFIBUS 版本在安全性方面相对较低。

7）设备成本：尽管初期投入可能较高，但考虑到 PROFINET 的高速度、灵活性和可扩展性，长期来看，其运行成本可能会更低。

PROFINET 基于工业以太网，而 PROFIBUS 基于 RS485 串行总线，两者协议上由于介质不同完全不同，没有任何关联。两者相似的地方都具有很好的实时性，原因在于都使用了精简的堆栈结构。基于标准以太网的任何开发都可以直接应用在 PROFINET 网络中，世界上基于以太网的解决方案的开发者远远多于 PROFIBUS 开发者，所以，有更多的可用资源去创新技术。两者从物理连接来看也存在差异性，具体见表 4-2。

表 4-2 PROFINET 与 PROFIBUS 数据通信的差异性

| 项目 | PROFIBUS | PROFINET | 备注 |
|---|---|---|---|
| 传输速度 | 12Mbit/s | 100Mbit/s | PROFIBUS 工作速度越大,距离越短 |
| 传输方式 | 半双工 | 全双工 | |
| 传输距离 | 最远 100m | 100m | PROFINET 可通过交换机或光纤延长 |
| 一致性数据量 | 最大 32B | 最大 254B | |
| 最大数据量 | 244B | 1400B | |
| 故障诊断 | 需要特殊工具 | 使用 IT 相关工具 | |
| 终端电阻 | 需要匹配 | 不需要匹配 | 多台设备连接 |
| 组态需求 | 专门接口模块 | 标准的以太网网卡 | |

# 4.2 PROFINET 通信

## 4.2.1 PROFINET 网络拓扑

拓扑结构源自拓扑学，它是研究不同的点、线构成的图形特点的一门科学。PROFINET 根据应用需求采用多种不同的网络拓扑结构配置。选择一个合适的网络拓扑结构，对后续性能、成本、维护都是非常重要的。

在 PROFINET 网络中，"点"可以是 CPU 主机架，也可以是分布式 I/O 站点。"线"就是用于连接 CPU 各和 I/O 站点的通信线路，如网线或者光纤，这些点和线是依靠交换机连接起来的。根据连接方式的不同，PROFINET 网络可以构成线形、星形、树形和环形拓扑结构。

### 1. 线形拓扑结构

线形拓扑结构是使用一条传输线将网络中的节点按先后顺序连接组成的结构。很多现场总线，如 PROFIBUS、DeviceNet 等都是线形拓扑结构。PROFINET 也可以依靠交换机构成线形拓扑结构。交换机可以是单独的外围设备，也可以是节点内部集成的交换机。依靠节点内部交换机构成的 PROFINET 线形拓扑结构如图 4-3 所示。

采用线形拓扑结构，可以使网络结构简单、安装容易、传输线路最短、节省成本。但是

图 4-3 PROFINET 线形拓扑结构图

缺点也是显而易见的，除了两端，其余节点增加或删除困难，单个节点的故障能影响整个网络，并且故障定位比较困难，所以通常不采用此类拓扑结构来构成大型网络。

**2. 星形拓扑结构**

星形拓扑结构是目前以太网常见的结构，它以交换机为中心，将各个网络节点连接到交换机上。在这种拓扑中，所有设备都直接连接到中央交换机或集线器，形成一个树状结构。这种结构清晰明了，易于管理和故障排查，但当节点数量较多时，可能会影响数据传输速度。星形拓扑是 PROFINET 网络应用的典型拓扑结构，也是现代计算机网络使用的主要拓扑结构。在星形网络中，交换机是核心设备，外围连接所使用的设备。PROFINET 网络星形拓扑结构如图 4-4 所示。

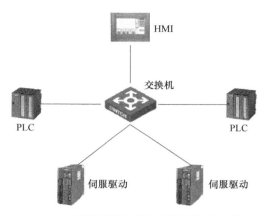

图 4-4　PROFINET 网络星形拓扑结构图

星形拓扑结构以交换机为中心，各节点是并列关系，因此节点增加和删除灵活，同时单个节点故障不会影响网络整体运行，网络管理、诊断及监控都比较容易，但也存在布线复杂、成本高、交换机故障会导致网络瘫痪的缺陷。

**3. 树形拓扑结构**

将几个星形拓扑网络用交换机连接起来就构成树形拓扑网络。在大型生产环境中，可能会采用多层结构，底层设备通过星形或环形连接到中层交换机，再通过星形连接到上层的中央管理层。这种结构可以简化网络管理，并提高数据处理能力。PROFINET 树形拓扑网络如图 4-5 所示。

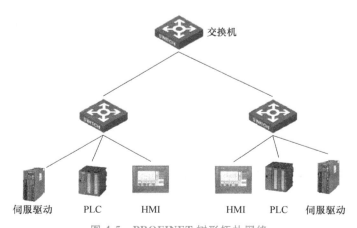

图 4-5　PROFINET 树形拓扑网络

在生产实际中，企业网络、工厂的车间网络等许多都采用树形拓扑结构。它除了具有星形网络的优点外，还具有网络层次清晰、整体可靠性和安全性都很高的特点。同时它也具有星形网络的缺点，如交换机故障会导致某个分支瘫痪、布线成本高等。

**4. 环形拓扑结构**

将线形拓扑结构首尾相连，组成一个封闭的环，就构成了环形拓扑结构。此时所有节点通过点对点的连接形成一个闭合环路，数据沿着环路循环传输。环形拓扑可以提供冗余连接，增加网络的可用性，但单点故障可能导致整个环路中断。

环形拓扑结构中，信息只能沿一个方向流动，所有的节点都可以申请发送数据，因此需要一种"仲裁"机制，为保证同一时间只有一个节点发送数据，此时需要使用令牌。

环形网络是将线形网络连接形成环，本质上和线形网络是一致的，因此它也具有线形网络的优缺点。它具有布线简单、线路短的优点，缺点也很明显，当一个节点发生故障时，会影响整个网络，同时节点增加或删除困难。鉴于其缺点，这种网络结构在实际工程中使用得并不多，但可以利用其环路网络特点，构成冗余环网，用在一些可靠性要求高的场合。该结构具有两套系统，连接形成环路，它们并行工作，平时只有一套真正输出控制功能，当它发生问题，另一套可以进行无扰切换，PROFINET 环形拓扑网络如图 4-6 所示。

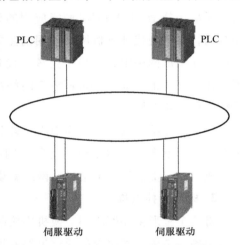

图 4-6  PROFINET 环形拓扑网络

从图 4-6 中可以看到，系统中其实有两套独立的控制系统，两套系统同时运行，其中一台 PLC 为主用，另一台为备用。正常情况下，主用 PLC 执行程序，备用 PLC 与主用 PLC 同步，如果主用 PLC 发生故障，则备用 PLC 会接管系统的控制权。

## 4.2.2  PROFINET 通信模式分类

在工业自动化控制中，不同的控制对象其实时性要求也不同。例如，过程参数的设置、设备的诊断等一般没有实时性要求，但是对于分布式传感器数据的交换，只要满足一定的实时性要求即可。而对于运动控制，其实时性要求就很高。西门子作为全球顶级自动化大厂，其主导的 PROFINET 在工业领域占有非常高的市场份额。PROFINET 在当前工业以太网应用中按照通信的实时性要求，基于不同控制对象的实时性要求的不同，PROFINET 分成三种不同的通信等级。采用三种通信模式来实现以太网通信，主要包括：

**1. PROFINET Non-RT（非实时）通信模式**

此模式下，PROFINET 基于工业以太网技术，依据标准通信，确保用户数据的高性能传输与周期数据交换。完全基于 TCP/UDP/IP，过程数据通过 TCP/IP 传输，硬件层未更改，采用传统以太网控制器。典型的有 PROFINET CBA 非实时传送模式，其他类型的总线网络还有 EtherNet/IP、Modbus 等。该模式可以用于组态、参数设置、诊断等非实时性要求的场合。TCP/IP 是 IT 领域关于通信协议方面事实上的标准，尽管其响应时间大概在 100ms 的量级，对于工厂控制级的应用来说，这个响应时间就足够了。PROFINET CBA 数据非实时传送模式如图 4-7 所示。

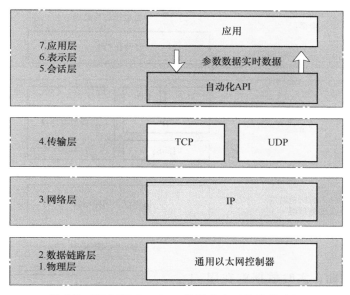

图 4-7　PROFINET CBA 数据非实时传送模式图

### 2. PROFINET RT（实时）通信模式

此模式用于传感器包括远程 I/O 设备和执行器设备之间的数据交换，保证事件触发的周期性数据传输，系统对响应时间的要求更为严格，需要 1～10ms 的响应时间。该模式下是部分基于 TCP/UDP/IP，硬件层未更改，具有过程数据协议，直接由以太网帧进行传输，TCP/UDP 依然存在，对于基于 TCP/IP 的工业以太网技术来说，使用标准通信栈来处理过程数据包，需要很可观的时间。PROFINET 提供了一个优化的、基于以太网第二层的实时通信通道，可以极大地减少数据在通信栈中的处理时间。该实时通道时间层（Timing Layer）进行控制，使得 PROFINET 获得了等同，甚至超过传统现场总线系统的实时性能。需要注意的是，PROFINET 的实时通信采用的是软实时技术，不需要特殊的硬件支持。PROFINET RT 数据实时传送模式如图 4-8 所示。

### 3. PROFINET IRT（等时同步实时）通信模式

PROFINET 的等时同步实时（Isochronous Real-Time，IRT）技术主要实现等时同步数据的高性能传输，通常用于对通信实时性要求最高的运动控制（Motion Control）系统，可以满足运动控制的高速通信需求。在 100 个节点下，其响应时间要小于 1ms，抖动误差要小于 1μs。要保证如此高的同步实时性，依据标准硬件是不能实现的，为此对硬件层进行了更改，使用实时以太网控制器，此时等时同步实时通信需要特殊的硬件支持。

在 PROFINET 等时同步实时通信中，每个通信周期被分成两个不同的部分，一个是循环的、确定的部分，称之为实时通道；另外一个是标准通道，标准的 TCP/IP 数据通过这个通道传输。在实时通道中，为实时数据预留了固定循环间隔的时间窗，而实时数据总是按固

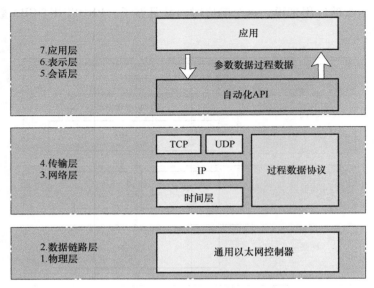

图 4-8　PROFINET RT 数据实时传送模式

定的顺序插入，因此，实时数据就在固定的间隔被传送，循环周期中剩余的时间用来传递标准的 TCP/IP 数据。两种不同类型的数据就可以同时在 PROFINET 上传递，而且不会互相干扰，通过独立的实时数据通道，保证对伺服运动系统的可靠控制。PROFINET IRT 运动控制高实时性数据传送模式如图 4-9 所示。

　　PROFINET 中的通信采用的是生产者和消费者的方式。生产者（如现场传感器）把数据传送给消费者（如 PLC），消费者对数据进行处理，然后再把处理后

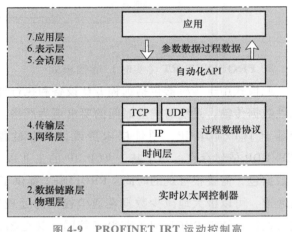

图 4-9　PROFINET IRT 运动控制高
实时性数据传送模式

的数据返回给生产者。数据在传递的过程中，大部分的时间消耗在通过通信栈上，也就是以太网模型层层打包和拆包的过程。在数据非实时传送时，这部分时间可以接受。

　　PROFINET 的实时通信中，要提高数据的实时性，就要对协议栈进行改造。做法是抛弃了 TCP/IP 或 UDP/IP 部分，使帧的长度大大缩短，这样通信栈需要的时间就缩短了。采用 IEEE 802.3 优化的第 2 层协议，由硬件和软件实现自己的协议栈，从而实现了不同实时性等级的要求。没有使用标准以太网的第 3 层（IP）协议，也因此失去了路由功能，但借助 MAC 地址，PROFINET 实时通道保证了不同站点之间数据交互，同时也能够在确定的时间间隔内完成对时间间隔要求苛刻的传输任务。PROFINET 在非实时通信与实时通信模型的差异性如图 4-10 所示。

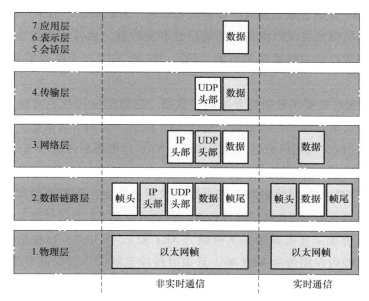

图 4-10　PROFINET 非实时通信与实时通信模型的差异性

PROFINET 基于标准以太网通信，对于不同的通信等级采用不同的技术方案，非常巧妙地解决了在同一个系统中实现不同通信等级要求的问题。PROFINET I/O 使用了 UDP/IP、RT 和 IRT 技术，而 PROFINET CBA 则使用 TCP/IP 技术和 RT 技术。

## 4.2.3　PROFINET 等时同步实现机制及关键技术

PROFINET 的 IRT 协议主要为运动控制等硬实时系统提供解决方案。它通过使用时分多路复用协议及特殊通信 ASIC（专用集成电路），确保在网络过载或者网路拓扑动态变化时的通信质量。此外，IRT 需要确定的网络组态，即通信前应规划网络拓扑、源/目的节点、通信数据量、连接路径属性等。

IRT 的一个传输周期主要由 IRT 通道和开放通道组成，硬件 ASIC 会对 IRT 周期定时进行监视。IRT 通道用于传输等时同步的周期性实时帧，开发通道用于传输非同步实时帧（RT）和非实时帧（NRT）。PROFINET 同步通信实现机制如图 4-11 所示。

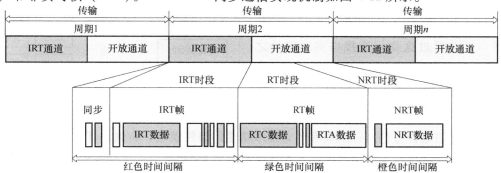

图 4-11　PROFINET 同步通信实现机制

图 4-11 中，IRT 通道的通信通过静态调度表管理，开放通道中的 RT 通信采用优先级调度技术，这两种通信都能保证数据传输的确定性和实时性，而开放通道中的 NRT 通信则采用传统以太网协议进行非实时数据的传输。IRT、RT 和 NRT 三个时段的数据帧有不同的帧类型标识符。

IRT 时段传输实时性要求最高的等时同步数据，这段时间用红色时间间隔表示。RT 时段用来传输实时性要求较低的实时数据，包括 RTC 数据（周期实时数据）和 RTA 数据（非周期实时数据），这段时间用绿色时间间隔表示；NRT 时段用来传输非实时性数据，这段时间用橙色时间间隔表示。

IRT 通道传输 IRT 帧的时间由站点数及周期数据量决定，无严苛时间要求的帧有 ASIC 缓冲，并在开放通道有效时 RT 通信时段传送。开放通道的 RT 通信时段有效是传送 RT 帧以及由 IEEE 802.1Q 分配了优先级的非实时帧（NRT 帧），其中 RT 帧包括 RTC 数据和 RTA 数据。标准通信时段内仅能传送 NRT 帧，且该时段应足够大，以保证至少一个具有最大长度的以太网帧能够得到完成传输，但其传输任务应在传输周期结束的时候终止。

## 4.2.4　PROFINETCBA 模式

CBA 是 Component Based Automation（基于组件的自动化）的缩写，该技术是 PROFI-NET 在开放型自动化标准中的一个重要突破，它描述了未来自动化车间的图景，即一个自动化车间可以根据许多不同的需要分为不同的技术模块，车间总体系统设计的实现总可以由设计和功能相同，只有细微差别的几个模块组合完成。PROFINET CBA 的基本理念就是把组件的创建和组件的应用分离开来，分布式控制器和技术模块是自主运行的。在控制程序中不需要通信伙伴方面的信息，与其他模块的通信是直接通过控制软件中定义的通信接口进行的。这些接口利用 PROFINET CBA 工程工具给车间模块提供数据。这样的话，原始设备制造商在设备系统模块交付之前就能进行完整的测试。而在设备系统最后的装配时，通过图形化来组态各个设备系统模块之间的通信，不需要对各个设备系统模块控制程序进行改动。CBA 的控制对象是智能机器或系统，它们内部进行 I/O 之间的数据交换，而这些智能化大型模块将确定功能的模块打包成标准的组件和接口，并通过这些标准接口实现组件之间的标准通信。PROFINET CBA 的方案模式如图 4-12 所示。

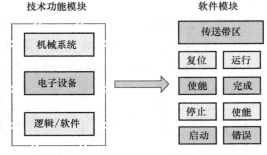

图 4-12　PROFINET CBA 的方案模式图

从图 4-12 可以看到，左侧的组件模型包括机械系统、电子设备和逻辑/软件等功能模块，可以将它们组合打包成一个具有独立技术功能的组件模块，右侧是其对应的标准组件接口，用户可以通过这个标准接口来实现与其他模块的通信。

在创建独立组件时，应该折中考虑，充分考虑它们在不同设备中的可复用性及实用性等。如果划分得过细，则会定义太多的 I/O 参数，增加管理难度和设计成本；如果划分得过大，则会影响系统的复用性。

通过模块化这一成功理念，可以显著降低机器和工厂建设中的组态与上线调试时间。在使用分布式智能系统或可编程现场设备、驱动系统和 I/O 时，还可以扩展使用模块化理念，从机械应用扩展到自动化解决方案。也可以将一条生产线的单个机器作为生产线或过程中的一个"标准模块"进行定义。工艺模块化能够更容易、更好地对用户的设备与系统进行标准化和再利用，使用户能够对不同客户的需求做出更快、更具灵活性的反应，并可以对设备预先进行测试，极大地缩短系统上线调试时间。系统操作者从现场设备到管理层，都可以从 IT 标准的通用通信中获得好处，也给现有系统进行扩展带来益处。PROFINET CBA 模式的模块化思想，在工程应用中具有较为突出的优势主要体现在以下几点：

1）简化系统结构：CBA 模式将复杂的控制逻辑集中到控制器上，简化了现场设备的配置，提高了系统整体的可维护性和易用性。

2）高效数据处理：控制器负责数据的集中处理和决策，使得数据传输更为高效，响应时间缩短，提高了生产效率。

3）高可靠性：由于 I/O 设备直接与控制器交互，减少了网络中的数据节点，从而提高了数据传输的可靠性，降低了数据丢失的风险。

4）易于扩展：当需要添加新的设备或功能时，只需将设备连接到网络，由控制器进行统一管理，无须大幅度改动现有系统。

5）灵活性：CBA 模式允许不同的设备类型和供应商通过统一的 PROFINET 接口进行通信，提高了系统的兼容性和灵活性。

6）远程监控与诊断：由于网络化设计，操作人员可以通过远程设备进行实时监控和故障诊断，节省了现场维护的时间和成本。

7）实时性：由于数据传输和处理都在控制器内部完成，能够实现实时的控制和决策，确保生产过程的连续性和一致性。

8）标准化：PROFINET 作为一种工业以太网标准，提供了统一的通信框架，使得不同制造商的产品能够无缝集成，降低了系统的复杂性和培训成本。

## 4.2.5　PROFINET I/O 模式

PROFINRT I/O 是指在工业以太网上实现模块化、分布式应用的通信概念，它主要完成对分散式现场 I/O 的控制。PROFINET I/O 的数据交换方式与 PROFIBUS DP 的远程 I/O 方式类似，现场设备的 I/O 数据通过过程映射的方式传输给控制主站。

PROFINET I/O 模式中有四种设备，分别是 I/O 控制器、I/O 设备、I/O 监视器和 I/O 参数服务器，各类设备的功能说明如下：

1）I/O 控制器：用来与现场设备进行循环数据交换，一般是使用 PLC 作为 I/O 控制器，相当于 PROFIBUS DP 中的主站。

2）I/O 设备：分散于控制现场的各种设备或子系统，可以与一个或多个 I/O 控制器进行通信，相当于 PROFIBUS DP 中的从站。

3）I/O 监视器：用来对 I/O 控制器和 I/O 设备进行组态、编程及诊断的工程设备，通常为 PC、HMI，相当于 PROFIBUS DP 中的 2 类主站。

4）I/O 参数服务器：用来加载和保存 I/O 设备组态数据的服务器站点，通常为 PC。

这四种设备之间可以根据需要进行通信，通信站点间的数据传输由标准通道（UDP/IP）和实时通道来完成。PROFINET I/O 模式下各类设备间的数据交互如图 4-13 所示，图中横线表示功能模块的隔离，竖线表示功能模块之间的逻辑连接，带箭头实线表示实时数据交互，带箭头虚线表示非实时数据交互。

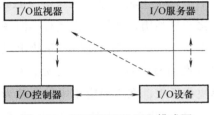

图 4-13　PROFINET I/O 模式下各类设备间的数据交互

## 4.2.6　PROFINET 报文帧数据结构

PROFINET 报文帧（Frame）是 PROFINET 网络中传输数据的基本单元，它承载着从一个节点到另一个节点的数据包。PROFINET 报文帧是由一系列特定的字段组成的，这些字段用于标识数据源、目的地、数据长度、控制信息以及数据内容本身。PROFINET 报文帧的设计旨在提供高效、可靠、灵活的数据传输，支持多种工业应用，如设备间通信、远程过程控制等。PROFINET 报文帧在使用时具体形式会有细微差别，但基本组成是一致的，通常包含以下部分：

1）前导码（Preamble）：用于同步和确认帧的开始，确保数据的正确传输。

2）源地址（Source Address）：发送报文的节点的 MAC 地址，用于标识数据的源头。

3）目的地址（Destination Address）：接收报文的节点的 MAC 地址，具体可能是单播地址，即指向特定节点，或者是组播地址，向一组节点发送，或是广播地址即向网络中的所有节点发送。

4）帧头（Header）：包含帧的类型、长度、优先级、控制信息等，用于网络管理和数据处理。

5）帧校验（Frame Check）：如帧校验序列（FCS），用于检测数据在传输过程中的错误。

6）数据（Data）：实际要传输的数据，可以是过程数据、指令、配置信息等。

7）帧尾（Tail）：可能包含帧结束标志或其他额外信息。

报文帧在 PROFINET 网络中的传输主要实现数据传输过程中数据封装和解封装、路由和寻址、流量控制、错误检测与纠正、数据完整性、同步和时间一致性、服务质量（QoS）保障、协议转换等方面的重要功能。保证各个节点之间高效、可靠地传递信息，支持工业自动化系统的实时控制和数据交换。

PROFINET 根据实时性的不同有三种不同的通信模式，因此对应的报文帧也不同。

### 1. PROFINET 实时帧报文结构

PROFINET 实时（Real-Time，RT）帧的结构与普通的数据帧类似，但会针对实时性需求进行优化。RT 帧的结构可以根据具体应用和需求进行定制，如添加更多的实时性能指标、服务质量信息等，但基本结构保持实时性、可靠性和效率的核心要素。简化的 RT 帧结构如图 4-14 所示，RT 帧结构说明见表 4-3。

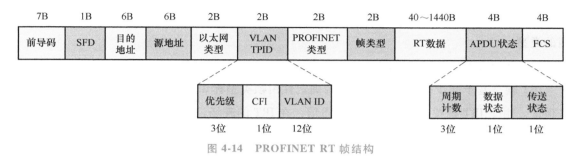

图 4-14　PROFINET RT 帧结构

表 4-3　PROFINET RT 帧结构说明

| 协议组成部分 | 功能含义 |
| --- | --- |
| 前导码（Preamble） | 与普通帧相同，用于同步和确认帧的开始 |
| SFD | 帧开始定界符（10101011），其中该字节尾部的两个"1"确定数据包目的地址的开始 |
| 目的 MAC 地址（Destination MAC Address） | 接收设备的物理地址，可能使用组播地址，以便多个接收设备接收 |
| 源 MAC 地址（Source MAC Address） | 发送设备的物理地址 |
| 以太网类型（VLAN tag） | 表示长度块或数据包的类型 ID<br>值小于 0x0600：IEEE 802.3 长度块<br>值为 0x6000：Ethernet Ⅱ 类型块（Ethernet Ⅱ 是一种广泛使用的以太网帧格式，它使用类型字段来区分不同的协议）<br>值为 0x8100：数据包包含一个 VLAN TPID |
| VLAN TPID（标签协议标识） | 其中高 3 位标识数据帧的优先级，CFI 位是规则格式指示符，0 代表以太网，1 代表令牌环网<br>VLANID 为 VLAN 标签协议标识：<br>0x000：传输有优先权的数据<br>0x001：标准设置<br>0x002～0xFFF：自由使用<br>0xFFF：保留 |
| PROFINET 类型 | 跟在 VLAN 后对网络协议类型进行标识 |
| 帧类型（Frame Type） | 包括实时数据帧、确认帧或请求帧等，根据具体应用确定 |
| RT 数据 | 用法和结构没有具体定义，这部分可能包含实时传感器读数、状态信息、命令等 |
| APDU 状态 | 应用协议数据单元（APDU）与实时数据帧的状态，主要包括周期计数、数据状态、传送状态等 |
| FCS | 帧校验序列，该值为对整个帧进行 CRC 的 32 位校验和 |

　　PROFINET 实时协议为了使 RT 数据优先传输，设置了 VLAN 标签，该标签中含有优先级标识符，用于发送数据的优先级设置。从图 4-14 中可以看出，优先级是长度为 3 位的数据，可以设置 0~7 的优先级，RT 帧主要使用优先级 6 或 7。RT 帧结构中，前面的以太网类型值为 0x8100，表明其后紧跟的是 VLAN 标签。后面的 PROFINET 类型值为 0x8892，表明该帧是一个 RT 帧。帧类型识别符描述的是不同设备之间特定的通信信道，通过帧类型标识符与以太网类型的结合，对 RT 帧的识别更加容易。CFI 的值代表的是以太网或者是令牌环网的类型。

**2. PROFINET 同步通信帧 IRT 的报文结构**

　　IRT 帧是基于同步的通信，其传输的确定性由帧类型标识符（Frame ID）以及网络类型来保证。由于 IRT 是按时间调度传输的通信，在 IRT 的现场设备里具有固定的时间调度表来定义准确的发送时间点，因此可以通过时间位置（Temporal Position）、以太网类型（0x8892）和帧类型标识符（Frame ID）的组合来识别 IRT 帧，而且在 IRT 帧中不需要 VLAN 标签对发送数据进行优先级分配。

　　Sync 帧、Follow 帧、DelayReq 帧和 DelayRes 帧是与 PROFINET 协议相关的帧类型，这些帧类型是 PROFINET 协议中实现高效率和高可靠性通信的关键部分。

　　Sync 帧（同步帧）用于在 PROFINET RT 通信中同步分布式应用中的设备。这些帧包含了时间戳信息，用于确保网络中所有设备的时间同步，从而保证数据的实时性和确定性。

　　Follow 帧（跟随帧）是 PROFINET RT 通信中的一种特殊帧，用于在 Sync 帧之后传输实际的 I/O 数据。Follow 帧按照预定的周期性发送，确保数据的连续性和一致性。

　　DelayReq 帧（延迟请求帧）用于在 PROFINET IRT 通信中，由一个设备发送给另一个设备，请求对方延迟发送数据。这种机制用于确保数据在特定的时间点进行交换，实现严格的时间确定性。

　　DelayRes 帧（延迟响应帧）是 DelayReq 帧的响应，接收到 DelayReq 帧的设备将发送 DelayRes 帧，表示已经接收到延迟请求，并将按照请求调整数据的发送时间。

　　基于 IEEE 588，PROFINET 控制器在循环开始时依靠定时和脉冲信号，精确记录传输 Sync 帧、Flollow 帧、DelayReq 帧和 DelayRes 帧的时钟参数，计算各环节的延时，对各通道输出数据进行时间补偿和模式转换等处理，使网络各节点时钟与基准时钟同步。IRT 数据在传输时依据事先规划的确定通信路径进行传输，保证抖动（Jetter）时间小于 1μs。同步通信帧 IRT 的报文结构如图 4-15 所示。

| 前导码 | SFD | 目的地址 | 源地址 | 以太网类型 | 帧类型 | IRT数据 | FCS |
|---|---|---|---|---|---|---|---|
| 7B | 1B | 6B | 6B | 2B | 2B | 36~1490B | 4B |

图 4-15　同步通信帧 IRT 报文结构

### 3. PROFINET 非实时帧 NRT 的报文结构

PROFINET NRT（Non-Real-Time）是 PROFINET 实时通信的一个子集，主要用于非实时数据传输。与实时帧（Real-Time Frame，RTF）相比，NRT 帧的实时性要求较低，适合处理周期性、批量或低优先级的数据传输，主要用于那些对实时性要求不高但需要频繁数据交换的场景，如数据备份、配置更改、设备状态监控等场合。非实时帧 NRT 报文结构如图 4-16 所示。

| 前导码 | SFD | 目的地址 | 源地址 | VLAN | 类型 | IP/UPD | RPC | NDR | 数据 | FCS |
|---|---|---|---|---|---|---|---|---|---|---|
| 7B | 1B | 6B | 6B | 4B | 2B | 28B | 80B | 20B | 最大1372B | 4B |

图 4-16　非实时帧 NRT 报文结构

在 NRT 中，VLAN 为可选项，在一般情况下不使用，但设备必须支持"使用"或"不使用" VLAN 这两种情况。

## 4.3 PROFINET 通信应用实验

### 4.3.1　实验目的

实验

1）理解和掌握基于 PROFINET 协议的工业设备通信原理。
2）学习使用 Wireshark 等网络抓包工具捕获和分析网络通信数据。
3）实践配置 PLC 和 V90 伺服的通信参数，并观察其通信过程。
4）熟悉控制指令发送和状态信息反馈的过程。

### 4.3.2　实验相关知识点

1）PROFINET 协议基础。
2）网络通信原理。
3）PLC 和伺服通信配置。
4）Wireshark 抓包和分析。

### 4.3.3　实验任务说明

现有一台智能仓储工站，由立体货架、三轴运动模组、伺服电动机、PLC、触摸屏组成，该工站中的 PLC 接收仓储管理系统的指令，将工单需求转换为控制指令发送给伺服电动机的驱动器，伺服电动机执行指令带动三轴模组完成原料的出入库和成品的入库。工站内整体网络架构如图 4-17 所示。

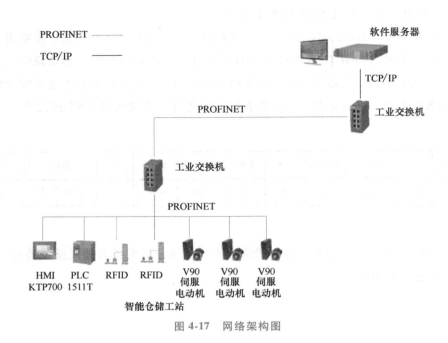

图 4-17　网络架构图

　　本实验将通过配置西门子 PLC 和 V90 伺服电动机的通信参数，并使用 Wireshark 软件捕获和分析 PLC 发送给 V90 伺服电动机的控制指令和 V90 伺服电动机反馈给 PLC 的状态信息。

## 4.3.4　实验设备

　　实验设备及辅助工具见表 4-4。

表 4-4　实验设备及辅助工具表

| 硬件/软件/辅助工具名称 | 型号/版本 | 数量 | 单位 |
| --- | --- | --- | --- |
| 西门子博途软件 | V16 版本以上 | 1 | 套 |
| V90 HSP 文件 | — | 1 | 件 |
| 智能仓储工站 | XPSD-S1-WH1 | 1 | 台 |
| 交换机 | EDS-510A | 1 | 台 |
| Wireshark 软件 | — | 1 | 套 |

## 4.3.5　实验原理

　　PLC 和 V90 伺服电动机之间基于 PROFINET 协议进行通信。PROFINET 是一种工业以太网通信协议，支持实时通信和非实时通信，可用于工业自动化领域中的设备通信。PLC 通过发送控制指令来控制 V90 伺服电动机的运动，同时 V90 伺服电动机会反馈状态信息给 PLC，以实现双向通信和控制。

### 4.3.6　实验步骤

**1. 准备工作**

按照图 4-18 进行网络连接。

**2. 配置 PLC 和 V90 伺服电动机的通信参数**

使用博途软件对 PLC 和 V90 进行配置如图 4-19 所示，并将硬件组态下载到设备中。

**3. 启动通信并捕获流量**

首先，进入交换机的管理页面，开启端口镜像功能，并将端口 1 的数据镜像到端口 2 上，这样，我们就可以通过端口 2 获取端口 1 的所有数据信息。

打开 Wireshark 软件进行数据流量的抓取。

选择网络接口：在 Wireshark 窗口中，选择正确的网络接口，以便捕获所需的通信流量。

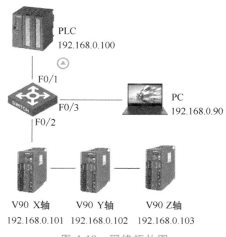

图 4-18　网络拓扑图

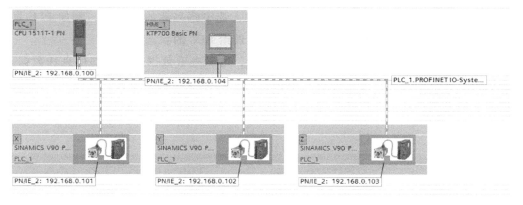

图 4-19　设备的硬件组态

开始捕获：单击 Wireshark 界面上的"开始捕获"按钮，开始捕获所选网络接口上的数据包。

停止捕获：捕获到足够的数据包后，单击 Wireshark 界面上的"停止捕获"按钮来停止捕获过程。

保存数据包：可以将捕获到的数据包保存到文件中以供进一步分析。在 Wireshark 界面上，选择"文件"→"保存"命令来保存数据包。

**4. 分析数据包**

打开 Wireshark 并加载捕获的数据包：打开 Wireshark 软件，导入捕获到的数据包文件（通常是 .pcap 格式）。

应用过滤器：根据实验需求，应用适当的过滤器来筛选出 PLC 发送给 V90 伺服电动机的控制指令和 V90 伺服电动机反馈给 PLC 的状态信息。在过滤器中输入"pn_io"，可以过滤出 PROFINET I/O 实时数据包，如图 4-20 所示。

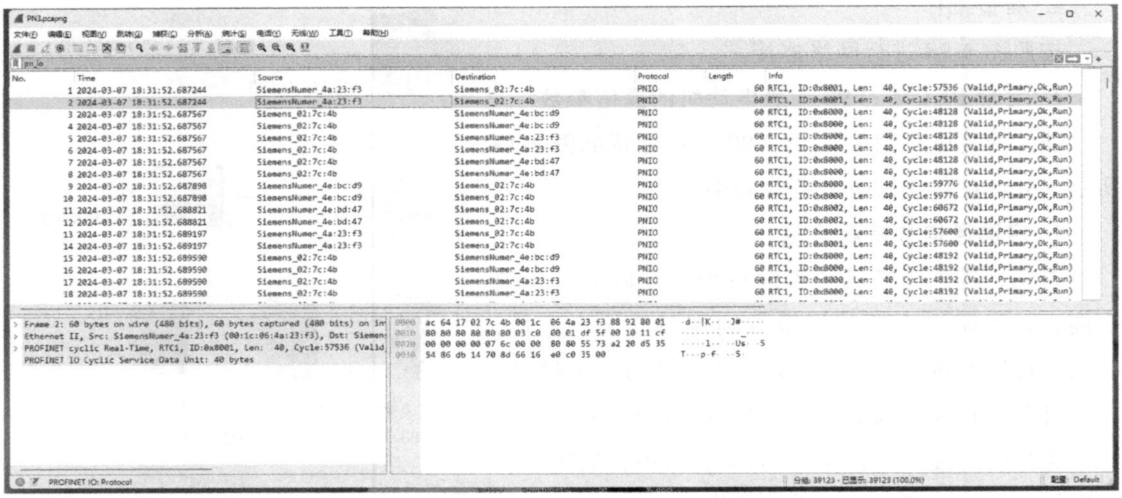

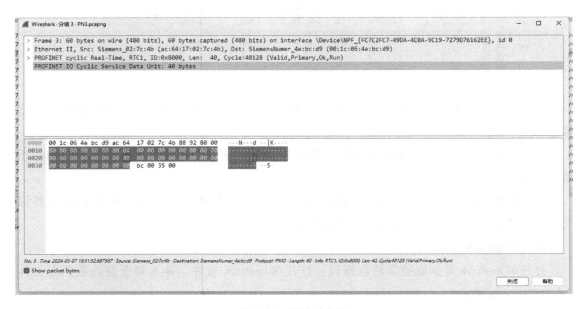

图 4-20　Wireshark 加载捕获的数据包

选中特定数据包：浏览捕获到的数据包列表，选中感兴趣的数据包，例如 PLC 发送给 V90 伺服电动机的控制指令或 V90 伺服电动机反馈给 PLC 的状态信息。

分析数据包内容：在数据包详细信息窗格中，可以查看数据包的头部信息和数据部分。根据协议类型和数据内容，可以分析其中包含的控制指令和状态信息，从图 4-21 和图 4-22 中可以明显地发现运动前和运动过程中，PLC 发送给 V90 伺服电动机的控制指令是存在差别的。

图 4-21　运动前数据

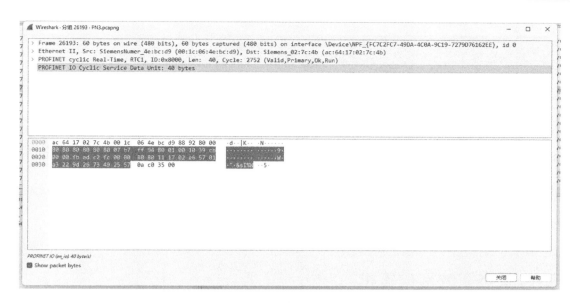

图 4-22　运动过程中数据

## 4.3.7　实验练习题

从保存数据包中找出 V90 伺服电动机反馈给 PLC 的状态信息，从中分析出在运动前后，这些状态数据的差异在哪。

习　题

1. PROFINET 的技术优势主要体现在哪些方面？

2. 简述 PROFINET 与 PROFIBUS 的差异性。

3. PROFINET 网络拓扑有哪些？分别简述各自的特点。

4. PROFINET RT 通信的特点是什么？用于什么场合？

5. 简述 PROFINET IRT 通信等时同步实现机制。

6. 什么是 PROFINET CBA 模式？实现的机理是什么？

7. 简述 PROFINET 报文帧数据结构，以及各部分功能。

8. PROFINET 网络需要连接 10 台设备，最远通信距离大于100m，简述系统实现的技术方案。

科学家科学史

"两弹一星"功勋科学家：孙家栋

# 第 5 章

# 生产系统网络规划与设计

PPT 课件

课程视频

## 5.1 生产系统网络需求

### 5.1.1 生产系统网络特点

在如今工业 4.0 理念不断推进的浪潮下，操作技术（OT）和信息技术（IT）开始整合，不断打通信息孤岛，要求设备、传感器、各种智能制造 IT 系统间普遍流畅的互连，迫使网络和其相关设备遍布生产的每个环节与角落。在这个浪潮之中，网络所担任的角色越发重要的同时，其需要满足的要求也越发复杂。

网络作为现在生产系统中最重要的基础设施之一，需要具有数据隔离、访问控制、高可靠性、低时延等特性，从而满足在工业 4.0 背景下设备与相关数据的安全以及 IT 和 OT 系统间的高度融合，实现对生产更为高效和精细的控制与规划。

### 5.1.2 生产系统网络需求

尽管不同行业的生产系统网络，其流程、环境、规模各有不同，但是其对于网络的关键指标都有类似的需求。

1）可靠性。由于网络承担着 IT 与 OT 系统间沟通的桥梁，每时每刻都在不断地传输设备与传感器的数据，一旦网络中断将会严重影响生产效率，因此必须保证网络具有高度的可靠性。其可靠性需要在两方面进行考虑：一方面是在网络设计时需要考虑使用链路冗余、热备份等技术；另一方面是由于生产环境可能较为恶劣，存在扬尘或者复杂的电磁环境，所以在设备选型时需要依据现场实际环境选择工业级网络设备降低设备故障概率。

2）安全性。在 OT 系统全面接入 IT 系统后，以往孤立的设备现在全部暴露在生产系统网络之中。此时网络中的恶意用户或者程序将有可能对实际设备产生影响，甚至导致重大安全事故，因此网络的安全性也变得更为重要。在进行网络设计时，需要将关键设备和数据进行保护或者隔离。

# 5.2 生产系统网络设计

## 5.2.1 生产系统网络设计方法

在构建高效、可靠和可扩展的生产系统网络过程中，需要运用一系列方法和工具来确保所设计的网络能够满足特定的场景需求，并达到网络设计标准要求。网络设计可采用模块化和层次化的设计方法。

**1. 模块化设计方法**

将大型网络划分为多个小型的子网或模块，每个模块可以完成特定的功能，并且模块之间相对独立，这样可以简化网络管理，也容易隔离故障和模块升级。

**2. 层次化设计方法**

对于分层模型（如 OSI 七层模型或 TCP/IP 四层模型），可将网络分为接入层、汇聚层和核心层，每一层都有其特定功能。这样的设计方法可以提高网络的性能和安全，方便管理。

在设计上，可采用自上而下或者自下而上的设计思路。

1）自上而下的设计思路。首先进行整体规划，明确网络的总体目标，然后进行高层架构设计，最后选择合适的硬件设备和软件平台，完善技术实现细节。这种设计方法需要较多的前期规划和分析工作。

2）自下而上的设计思路。与自上而下相反，从现有的网络设施和技术能力出发，逐步构建网络的高层设计。这种方法适合已有一定基础设施，需要对现有网络进行扩展或优化的情况。

## 5.2.2 网络拓扑类型

网络拓扑是网络设计的基础，它描述了网络中设备的连接方式，决定了网络的性能、成本和可扩展性。常见的拓扑类型包括总线型、星形、环形、树形、网状和混合型。

**1. 总线型**

总线型拓扑中，所有节点通过一根主线进行通信。这种连接方式成本低，布线简单，但缺点是出现故障后整个网络都会受到影响，而且排查比较困难，因此主要应用于早期的小型局域网。

**2. 星形**

在星形拓扑中，每个节点都直接连接到一个中心节点，节点间通信也要通过这个中心节点进行转接。这种结构易于对故障进行定位和隔离，且新增或删除节点对其他节点不会产生影响。星形拓扑结构在企业局域网中较为常用。

**3. 环形**

环形拓扑中，每个节点通过点对点连接形成一个闭环，数据沿着环路单向传递。这种结构可以简化路径选择，但单个节点的故障会影响整个环路。环形拓扑结构目前已经较少使用。

**4. 树形**

树形拓扑是星形拓扑的扩展，多个星形网络通过上层节点连接起来，形成层次结构，便于管理和扩展，也便于故障隔离，但上层节点的故障会影响其下所有子节点。树形结构适用于大型企业多层级的网络。

**5. 网状**

网状拓扑中，每个节点都可能与其他多个节点直接相连，形成多条数据传输路径。网络的可靠性和容错能力较强，但是这种结构需要复杂的路由算法，配置管理较为复杂。网状拓扑主要应用于广域网和高可用性需求的网络。

**6. 混合型**

在实际应用中，通常会结合以上多种拓扑结构，根据实际需求和环境进行灵活设计。

选择合适的拓扑结构需要综合考虑网络的规模、可靠性、成本、可扩展性和管理便利性等因素。

## 5.2.3　网络拓扑图绘制

网络拓扑图绘制主要包括以下步骤：

1）确定目标与要求：明确网络设计的目的和要求，如带宽、冗余度、安全性等。

2）选择拓扑类型：根据网络需求和环境限制，选择合适的拓扑结构。

3）规划设备布局：在图中布置各个网络设备的图标，并安排在合理位置上。

4）连接设备：使用线条连接各网络设备，注意要区分不同类型的连接。

5）添加标记信息：添加必要的说明，如设备名称、IP 地址、子网掩码、VLAN 信息等，确保图的可读性。

6）检查与优化：检查拓扑图的准确性，必要时进行调整以优化网络设计。

## 5.2.4　网络设计中需要考虑的问题

在设计生产系统网络时，需要综合考虑多种因素以确保系统的高效、稳定和安全，主要包括以下几点：

1）冗余与可靠性：采用冗余链路和设备，确保关键网络设备有备份或冗余机制，减少单点故障风险。

2）可扩展性：设计应考虑易于未来扩展，适应网络规模增长。

3）性能优化：要考虑带宽分配、QoS 策略以保证关键应用的服务质量。

4）安全性：设计上应考虑访问控制列表、防火墙、数据加密等安全措施。

# 5.3 虚拟局域网

## 5.3.1 网络数据交换原理

**1. 交换机作用**

交换机工作在 OSI 参考模型的第二层，即数据链路层，交换机将网络分割成多个冲突域。交换机的主要功能是进行 MAC 地址学习、转发和过滤数据包。

**2. 地址学习**

（1）MAC 地址表初始化

交换机刚启动时，会生成一张空的 MAC 地址表，该地址表用于保存连接到交换机的所有设备的位置，如图 5-1 所示。

（2）MAC 地址表学习

PC1 发送数据帧到 PC2，交换机在 MAC 地址表中记录发出数据帧中的源地址 MAC_1 及与之相连的端口 F0/1，因为交换机不知道哪个接口连到目的站点，所以把该数据帧从所有其他端口发送出去，如图 5-2 所示。

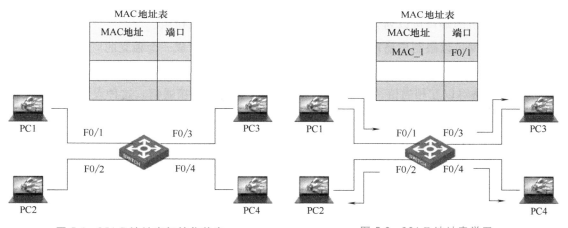

图 5-1　MAC 地址表初始化状态　　　　图 5-2　MAC 地址表学习

PC2、PC3、PC4 发送数据帧，交换机把接收到的数据帧中的源地址与相应的端口记录在 MAC 地址表中，至此，交换机的 MAC 地址表学习完成，开始进行数据的转发，如图 5-3 所示。

**3. 转发和过滤数据包**

当一个数据帧的目的地址已知时，该数据帧只会被转发到该目的地址对应的端口而不是所有端口。如 PC1 向 PC2 发送数据帧，PC2 的 MAC 地址已经在 MAC 地址表中，交换机只会将该帧转发到 F0/2 端口，如图 5-4 所示。

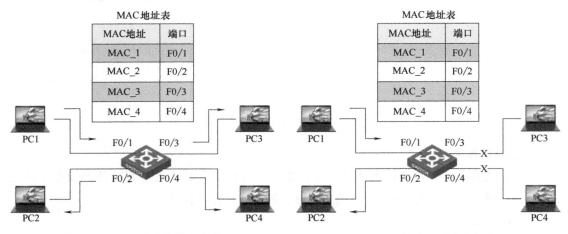

图 5-3　MAC 地址表学习完成　　　　　图 5-4　转发和过滤数据包

如果发送的是广播帧，交换机将把该数据帧从所有其他端口发送出去。

## 5.3.2　VLAN 概述

### 1. VLAN 的概念

VLAN（Virtual Local Area Network，虚拟局域网）是指将物理上处于同一局域网内的设备从逻辑上划分为不同网络组的数据交换技术。VLAN 的划分不受网络实际物理位置的限制，不同交换机的端口可以划分到一个 VLAN 中，形成虚拟工作组。

虚拟局域网可以限制广播范围，同一个 VLAN 内的设备形成一个独立的广播域，网络中的广播信息只能在一个 VLAN 内部传播，不会干扰到其他 VLAN。划分 VLAN 后，属于同一 VLAN 下的设备可以互相通信，属于不同 VLAN 的设备无法直接通信。这种设置增加了网络的安全和管理的灵活性。

### 2. VLAN 的划分

VLAN 的划分方式有多种，常用的有基于端口的划分、基于 MAC 地址的划分、基于 IP 地址的划分等。

（1）基于端口的划分

根据交换机上的物理端口划分多个组，每组构成一个局域网。这种方式配置过程简单清晰，是最常用的一种方式。

（2）基于 MAC 地址的划分

根据终端设备的 MAC 地址来划分 VLAN，用户位置发生变化后，其 VLAN 属性保持不变。

（3）基于 IP 地址的划分

根据终端设备 IP 地址进行划分，每个 VLAN 与一段独立的 IP 网段相对应，即使用户的物理位置改变了，也不许需要重新配置。

常用的 VLAN 划分方法是基于端口和基于 IP 相结合的方法，把几个端口分配为一个 VLAN，并设置 IP 地址，这样一台交换机可以使用多个 VLAN，同时一个 VLAN 也可以在多台交换机上使用。

### 5.3.3　VLAN 工作原理

**1. VLAN 帧结构**（IEEE 802.1Q）

IEEE 802.1Q 是经过 IEEE 认证的对数据帧附加 VLAN 信息的协议，格式如图 5-5 所示。

| 前同步码 | 帧首定界符 | 目的 MAC 地址 | 源 MAC 地址 | 802.1Q 头部 | 长度/类型 | 数据 | 帧校验 |
|---|---|---|---|---|---|---|---|
| 7B | 1B | 6B | 6B | 4B | 2B | | 4B |

图 5-5　IEEE 802.1Q 帧结构

其中，IEEE 802.1Q 头部格式如图 5-6 所示。

IEEE 802.1Q 头部包括 2B 的 TPID，（Tag Protocol Identifier）和 2B 的 TCI（Tag Control Information，标签控制信息），TCI 包括 PCP（Priority Code Point，优先级代码）、CFI（Canonical Format Identifier，标准格式标识符）和 VID（VLAN Identifier，VLAN 标识符）三个字段。

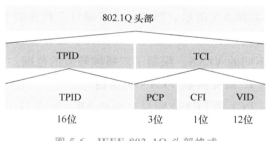

图 5-6　IEEE 802.1Q 头部格式

1）TPID 长度为 2B，固定取值为 0x8100，标识这个帧是已被标签的。

2）TCI 长度为 2B，是帧的控制信息。

- PCP 长度为 3 位，用来定义用户优先级。

- CFI 长度为 1 位，如果字段值为 1，则 MAC 地址为非标准格式，如果字段值为 0，则 MAC 地址为标准格式。

- VID 长度为 12 位，标识这个帧是属于哪个 VLAN。

**2. 交换机的端口类型**

（1）Access（接入）端口

Access 端口用于连接终端设备，只能属于一个 VLAN，并且只能传输属于这个 VLAN 的数据帧。

当一个没有标记 VLAN 信息的数据帧进入 Access 端口时，交换机会自动给该数据帧添加端口所属 VLAN 的标签。如果该数据帧已经带有 VLAN 标签，并且与端口所属 VLAN 一致，则该数据帧会被去掉标签后转发，如果不一致，则会被丢弃。

（2）Trunk（干道）端口

Trunk 端口用于连接其他交换机或路由器，使多个交换机之间可以进行多 VLAN 通信，是实现网络中 VLAN 间路由的基础。

Trunk 端口利用 IEEE 802.1Q 标准或思科公司的 ISL（Inter-Switch Link，交换链路内）协议对数据帧进行封装，以标识该数据帧属于哪个 VLAN。IEEE 802.1Q 会在原始数据帧中插入一个 4B 的标签头，标识 VLAN ID，这样接收设备就可以根据标签将数据帧正确地转发到相应的 VLAN 中。

Trunk 端口可以传输多个 VLAN 的流量，它会保留进入端口数据帧的 VLAN 标签，或者根据配置添加/移除标签。

## 5.3.4　VLAN 通信机制

### 1. 单交换机 VLAN 内通信

PC1~PC4 分别与交换机 SW1 的端口 F0/1~F0/4 连接，其中端口 1 和端口 2 属于 VLAN1，端口 3 和端口 4 属于 VLAN2。如果从跟端口 1 相连的 PC1 上发送广播帧，交换机只会把该广播帧转发给同属于 VLAN1 的端口 2，而不会转发给属于 VLAN2 的端口 3 和端口 4，如图 5-7 所示。同理，从跟端口 3 相连的 PC3 上发送广播帧，交换机只会把该广播帧转发给同属于 VLAN2 的端口 4，而不会转发给属于 VLAN1 的端口 1 和端口 2。这样，通过区分不同的 VLAN，限制了广播帧转发的范围。

### 2. 跨交换机 VLAN 内通信

PC1 和 PC2 分别与交换机 SW1 的端口 F0/1 和 F0/2 连接，PC3 和 PC4 分别与交换机 SW2 的端口 F0/3 和 F0/4 连接。PC1 和 PC3 属于 VLAN1，PC2 和 PC4 属于 VLAN2。如果从 PC1 上发送数据帧给 PC3，需要先发送给交换机 SW1，SW1 将该数据帧通过 Trunk 端口 F0/5 发送给 SW2，SW2 收到该数据帧后，发送给属于 VLAN1 的 PC3，如图 5-8 所示。

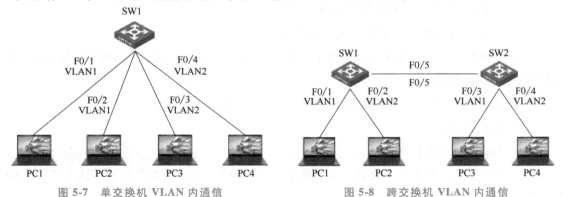

图 5-7　单交换机 VLAN 内通信　　　　图 5-8　跨交换机 VLAN 内通信

### 3. 使用路由器进行 VLAN 间通信

VLAN 之间需要通过路由器或者三层交换机实现通信，通过路由器实现 VLAN 间的通信可以使用单臂路由功能，通过单个物理接口来实现多个 VLAN 数据帧的转发。

PC1 和 PC2 分别与交换机 SW1 的端口 F0/1 和 F0/2 连接，PC3 和 PC4 分别与交换机 SW2 的端口 F0/3 和 F0/4 连接。PC1 和 PC2 属于 VLAN1，PC3 和 PC4 属于 VLAN2，主机的配置参数见表 5-1，路由器的配置参数见表 5-2。

如果从 PC1 上发送数据帧给 PC3，需要先发送给交换机 SW1，SW1 将该数据帧通过 Trunk 端口发送给路由器 RT1，路由器 RT1 根据内部路由表，将该数据帧转发给 SW2，SW2 收到该数据帧后，发送给属于 VLAN2 的 PC3，如图 5-9 所示。

表 5-1　主机配置参数设置

| 主机 | IP 地址 | 默认网关 |
| --- | --- | --- |
| PC1 | 192.168.1.1 | 192.168.1.254 |
| PC2 | 192.168.1.2 | 192.168.1.254 |
| PC3 | 192.168.2.1 | 192.168.2.254 |
| PC4 | 192.168.2.2 | 192.168.2.254 |

表 5-2　路由器的配置参数

| 路由器端口 | IP 地址 |
| --- | --- |
| F0/1 | 192.168.1.254 |
| F0/2 | 192.168.2.254 |

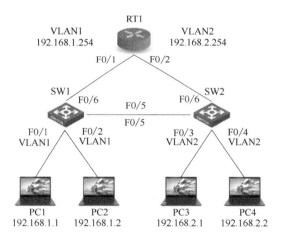

图 5-9　使用路由器进行 VLAN 间通信

## 5.4　冗余网络

### 5.4.1　STP

在设计交换网络时，为了防止网络中的某个设备或者某条链路发生故障而导致整个网络无法正常通信，通常需要设计冗余链路。如果冗余链路设计不合理，会导致产生交换环路，带来广播风暴、同一帧的多次复制、MAC 地址表不稳定等问题。

生成树协议（Spanning Tree Protocol，STP）定义在 IEEE 802.1D 中，是一个数据链路层协议，通过阻塞冗余端口来防止网络环路的产生。

**1. 基本术语**

（1）桥 ID（Bridge ID）

一个桥 ID 由两部分构成：第一部分是优先级，占 2B，范围为 0~65535，交换机默认优先级都是 32768；第二部分是交换机 MAC 地址，占 6B。

（2）根网桥（Root Bridge）

网络中只能有一个根网桥，选择根网桥是基于桥 ID 的数值最小原则。桥 ID 中优先级数值越小，优先级越高。如果优先级相同，则比较 MAC 地址，MAC 地址小的优先级高。因此，具有最小桥 ID 的交换机为根网桥。

（3）指定网桥（Designated Bridge）

网络中的每一个网段都要选出一个指定网桥，指定网桥到根网桥的累计路径开销最小，由指定网桥收发本网段的数据包。

**2. 端口角色**

STP 端口角色有根端口、指定端口、非指定（预备）端口。

（1）根端口（Root Port）

非根网桥上距离根网桥代价最小的端口为根端口，如果端口代价相同，端口的 MAC 最小的为根端口，交换机通过根端口和根网桥通信，处于转发状态。

（2）指定端口（Designated Port）

非根网桥需要为每个网段选出一个指定端口，该网段距离根网桥累计代价最小的端口为指定端口，该网段通过指定端口向根网桥发送数据包。根网桥的每个端口都是指定端口。

（3）非指定端口

除根端口和指定端口外的所有其他端口都是非指定端口，这些端口处于阻塞状态，不允许转发数据。

**3. 网桥协议数据单元**

STP 定义了网桥协议数据单元（Bridge Protocol Data Unit，BPDU）数据包，交换机之间用 BPDU 进行通信，动态选举根网桥和备份网桥，以确定该阻塞的交换机端口，消除回路。

含 BPDU 的以太帧包括 DLC 头部、LLC 头部、BPDU 报文和 DLC 填充，格式如图 5-10 所示。

| DLC头部 | LLC头部 | BPDU报文 | DLC填充 |
|---|---|---|---|
| 14字节 | 3字节 | 35字节 | 8字节 |

图 5-10　BPDU 的以太帧格式

其中，DLC 头部包括 DMA、SMA、L/T 三个字段。DMA 指目标地址，SMA 指源地址，L/T 指帧的长度。

BPDU 分为两种类型：第一种是配置 BPDU，包含配置信息；第二种是拓扑变化通知 BPDU，用于检测到网络拓扑结构变化时通知其他交换机重新计算生成树。配置 BPDU 和拓扑变化通知 BPDU 帧格式分别如图 5-11、图 5-12 所示。

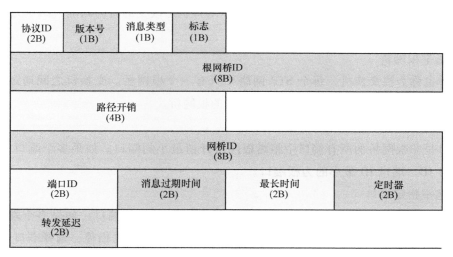

图 5-11　配置 BPDU 帧格式

图 5-12　拓扑变化通知 BPDU 帧格式

拓扑变化通知 BPDU 就是配置 BPDU 的帧头部内容，BPDU 帧格式含义：

1）协议 ID（Protocol Identifier）：2B。

2）版本号（Protocol Version Identifier）：1B，数值为 00 表示使用协议 IEEE 802.1d，数值为 02 表示使用协议 IEEE 802.1w。

3）消息类型（BPDU Type）：1B，数值为 0x00 表示配置 BPDU，数值为 0x80 表示拓扑更改通知 BPDU。

4）标志（Flag）：1B。

5）根网桥 ID（Root Identifier）：8B，包括根优先级、根端口 MAC 地址两部分内容。

6）路径开销（Root Path Cost）：4B，表示从交换机到达根网桥方向 STP 路径开销累加值。

7）网桥 ID（Bridge Identifier）：8B，表示转发根网桥 BPDU 的网桥 ID，包括交换机优先级、交换机 MAC 地址两部分内容。

8）端口 ID（Port Identifier）：2B，表示转发根网桥 BPDU 的网桥的端口 ID，包括端口优先级和端口号两部分内容。

9）消息过期时间（Message Age）：2B。

10）最长时间（Max Age）：2B，表示有效 BPDU 消息的最长时间，默认为 20s。如果超过该时间未收到消息，则认为该端口连接的链路发生故障。

11）定时器（Hello Time）：2B，表示根网桥定期发送 BPDU 的时间间隔，默认为 2s。

12）转发延迟（Forward Delay）：2B，表示端口状态改变的时间间隔，默认为 15s。

**4. STP 工作流程**

（1）选举根网桥

根网桥也称为根交换机，每个 STP 网络中只有一个根网桥。交换机之间通过交换配置 BPDU 来确定根网桥，网桥 ID 最小的为网络中的根网桥。

（2）选举根端口

根端口是非根网桥的所有端口中距离根网桥开销最小的端口。如果多个端口开销相等，则比较端口 ID，端口 ID 最小的为根端口。

（3）选举指定端口

指定端口是同一网段中所有端口中距离根网桥开销最小的端口。如果多个端口开销相等，则比较桥 ID，桥 ID 最小的为指定端口；如果端口的桥 ID 也相等，选择端口 ID 最小的为指定端口。

**5. 端口状态**

交换机的端口包括四种状态：阻塞、监听、学习和转发。

（1）阻塞状态

交换机初始化时所有端口都处于阻塞状态。在阻塞状态下，端口不参与帧的转发，但是会接收 BPDU 报文并按生成树协议处理。当交换机的端口接收到配置 BPDU 时，端口从阻塞状态转为监听状态。

（2）监听状态

处于监听状态的端口不进行用户帧的转发，以防止网络中产生环路，但是会接收 BPDU 报文并按生成树协议处理。当协议定时器超时后，端口从侦听状态转为学习状态。

（3）学习状态

处于学习状态的端口不进行用户帧的转发，但交换机会进行转发 BPDU 和构建 MAC 地址表。当协议定时器超时后，端口从学习状态转为转发状态。

（4）转发状态

在转发状态下，端口进行数据帧的转发，并进行转发表学习。端口也接受 BPDU 报文并按生成树协议处理。

**6. STP 的缺陷**

当网络的拓扑结构发生变化时，BPDU 配置消息需要经过一定时间延迟才能传播到整个网络，STP 默认的延迟时间是 15s。如果在传播过程中，某个端口在新旧拓扑结构终端的状态不同，将会导致临时环路。

为了解决拓扑变化导致的临时环路问题，STP 把端口从阻塞状态到转发状态之间加上了一种中间状态，处于中间状态时，只学习 MAC 地址但不转发数据帧，两次状态切换的时间长度都是 15s，通过这种方式保证在拓扑变化时不产生临时环路，但是这种做法会导致较长的收敛时间，对于需要实时业务处理的场景是有问题的。

## 5.4.2　RSTP

### 1. RSTP 的基本原理

为了解决 STP 收敛时间长的问题，IEEE 制定了 802.1w 标准，作为对 802.1d 的补充。802.1w 标准中定义了快速生成树协议（Rapid Spanning Tree Protocol，RSTP），RSTP 在 STP 的基础上进行了三点改进，加快了收敛速度。

1）为根端口和指定端口设置了替换端口（Alternate Port）和备份端口（Backup Port），这两种端口角色可以实现端口状态的快速切换。当根端口失效时，替换端口就会成为根端口，并无时延地进入转发状态；当指定端口失效时，备份端口就会成为指定端口，并立即进入转发状态。

2）在只连接了两个交换端口的点对点链路中，指定端口只需要与其连接的网桥进行一次握手，就可以立即进入转发状态。

3）把直接与终端相连的端口定义为边缘端口（Edge Port），边缘端口可以直接进入转发状态，不需要任何延时。

### 2. RSTP 的存在的问题

RSTP 相对于 STP，可以加快网络的收敛速度，并且可以和 STP 进行混合组网。但是 RSTP 和 STP 都是单生成树协议，网络中只有一颗生成树，如果网络规模较大时，收敛时间依旧较长。在正常情况下，被阻塞的链路处于闲置状态，不参与转发数据，会造成资源浪费。

## 5.4.3　MSTP

### 1. MSTP 的基本原理

为了解决 STP 和 RSTP 的问题，IEEE 制定了 802.1s 标准，定义了多生成树协议（Multiple Spanning Tree Protocol，MSTP）。MSTP 具有很多优点，得到了广泛的应用。

MSTP 把网络划分为多个区域，每个区域有若干实例，每个实例关联多个 VLAN，MSTP 将多个 VLAN 捆绑到一个实例，并为每个实例创建一个生成树。

### 2. MSTP 的优点

MSTP 相对于 STP 具有很多有点。MSTP 可以实现负载均衡和端口状态快速切换，可以将多个 VALN 捆绑到一个实例中，降低资源占用率。MSTP 是 IEEE 的标准协议，兼容 STP/RSTP，可以实现混合组网，并且所有制造商都支持该协议。

## 5.5 路由原理与冗余协议

### 5.5.1 路由原理

#### 1. 路由分类

交换机可以实现网络内的数据转发，而要连接不同的网络，进行网络之间的数据转发则需要通过路由器来实现。路由器使用路由选择协议来选择网络之间的最佳路径，并在该路径上进行数据转发。根据路由的配置方式，路由可以分为静态路由、动态路由和默认路由；根据路由的运行原理，路由协议可以分为距离矢量路由协议和链路状态路由协议；根据路由的作用范围，路由协议可以分为内部网关协议和外部网关协议。

#### 2. 静态路由

静态路由是网络管理员根据网络的运行情况，通过手工输入信息来配置路由表。静态路由适用于拓扑结构比较简单的小型网络，比动态路由更稳定可靠。但是静态路由不能对网络变化做出反应，不适用于大型复杂网络。

#### 3. 动态路由

大型网络的拓扑结构是动态变化的，管理员很难全面了解网络的拓扑信息，而且网络变化时通过手工调整每个路由器的配置信息所需的工作量太大。因此，大型网络主要使用动态路由。动态路由是路由器根据路由选择协议所定义的规则来交换路由信息，并且独立地选择最佳路径。

#### 4. 默认路由

默认路由是指路由表中没有与数据包中的目的地址匹配的表项时，路由器所使用的路由。通过设置默认路由可以简化路由器的配置，如果没有设置默认路由，当数据包的目的地址不在路由表中时，就会丢弃该数据包。

### 5.5.2 路由信息协议

#### 1. 概述

路由信息协议（Routing Information Protocols，RIP）是一种内部网关协议，主要应用于规模较小的网络。

RIP 基于距离向量协议来计算到达目的网络的距离，使用跳数作为度量值，跳数就是到达目的网络需要经过的路由器数量。如果到达目的网络的路由器的速度或带宽不同，但是跳数相同，RIP 会认为路由是等距离的。RIP 会选择跳数小的路径为最优路径。RIP 支持的跳数范围为 0~15，大于 15 的跳数被认为目的网络不可达。

RIP 通过广播 UDP 报文交换路由信息，使用端口号为 520。路由器周期性地向相邻路由器广播自己的路由信息，默认周期是 30s。邻居路由器根据收到的路由信息更新自己的路由表。

路由器从相邻路由器收到路由信息更新报文后，根据以下原则更新路由表信息：

1）如果路由表不存在该路由项，如果度量值可达（小于 16），则在路由表中增加该路由项。

2）如果路由表中已存在该路由项，当该路由器的下一站地址是该相邻路由器时，则检查度量值是否变化。如果度量值有变化，则更新该路由项中的度量值；如果度量值相同，则将该路由项对应的超时定时器重置（清零）。路由表中的每个路由项都对应一个超时定时器，当路由项在 180s 内没有更新时定时器超时，将该路由项的度量值标识为不可达（16）。

3）当该路由项的下一站地址不是该相邻路由器时，度量值减少才更新该路由项。这是因为 RIP 遵循"最短通路"的原则，只有当找到一条到目标地址更短的路径时，才会改变路径选择。

一个路由项被标识为不可达之后，经过 120s（4 个周期）仍没有被更新，就从该路由表中删除该路由。

**2. RIP 报文的格式**

RIP 包括 RIPv1 和 RIPv2 两个版本。

（1）RIPv1 报文格式

RIPv1 报文格式如图 5-13 所示。

| 命令 | 版本 | | 未使用 |
|---|---|---|---|
| 地址标识信息(AFI) | | 未使用 | |
| IP 地址 | | | |
| 未使用 | | | |
| 未使用 | | | |
| 度量值 | | | |

图 5-13　RIPv1 报文格式

- 命令（Command）：标识该报文是请求报文还是响应报文，1 是请求报文，2 是响应报文。
- 版本（Version）：RIP 的版本，RIPv1 的值为 1。
- 未使用（Must be Zero）：表示未使用。
- 地址标识信息（Address Family Identifier，AFI）：对于 IP 地址，其值为 2。
- IP 地址（IP Address）：表示目的 IP 地址。
- 度量值（Metric）：表示度量值。

（2）RIPv2 报文格式

RIPv2 报文格式如图 5-14 所示。

| 命令 | 版本 | 未使用 |
|---|---|---|
| 地址标识信息(AFI) | | 路由标记 |
| IP 地址 | | |
| 子网掩码 | | |
| 下一站 | | |
| 度量值 | | |

图 5-14　RIPv2 报文格式

- 命令：标识该报文是请求报文还是响应报文，1 是请求报文，2 是响应报文。
- 版本：RIP 的版本，RIPv2 的值为 2。
- 路由标记（Route Tag）：表示外部路由。
- 地址标识信息（AFI）对于 IP 地址，其值为 2。
- 子网掩码（Subnet Mask）：IP 地址的子网掩码。
- 下一站（Next Hop）：通往目的地址的下一站路由器 IP 地址。

**3. RIP 的运行**

（1）路由器启动

如图 5-15 所示，RT1、RT2、RT3 三台路由器直连，运行 RIP 后，路由器将自己的直连路由添加到路由表中。图中，下一站路由器中的符号"—"表示直接通信，因为和路由器在同一网络中的主机不需要通过别的路由器转发，可以直接通信。因为不需经过别的路由器，所以达到目的网络的距离也是 0。

图 5-15　初始路由表

（2）交换路由信息

初始化完成后，运行了 RIP 的各路由器都向其相邻路由器周期性地广播 RIP 报文，即广播其路由表中的信息。以路由器 RT2 为例，RT2 会收到路由器 RT1 和 RT3 的路由信息，更新自己的路由表，更新后的路由表会再发送给路由器 RT1 和 RT3，路由器 RT1 和 RT3 再分别更新自己的路由表，交换后的路由表如图 5-16 所示。

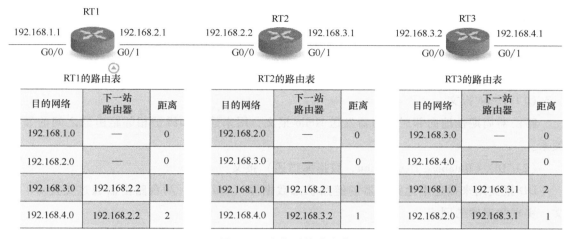

RT1的路由表

| 目的网络 | 下一站路由器 | 距离 |
|---|---|---|
| 192.168.1.0 | — | 0 |
| 192.168.2.0 | — | 0 |
| 192.168.3.0 | 192.168.2.2 | 1 |
| 192.168.4.0 | 192.168.2.2 | 2 |

RT2的路由表

| 目的网络 | 下一站路由器 | 距离 |
|---|---|---|
| 192.168.2.0 | — | 0 |
| 192.168.3.0 | — | 0 |
| 192.168.1.0 | 192.168.2.1 | 1 |
| 192.168.4.0 | 192.168.3.2 | 1 |

RT3的路由表

| 目的网络 | 下一站路由器 | 距离 |
|---|---|---|
| 192.168.3.0 | — | 0 |
| 192.168.4.0 | — | 0 |
| 192.168.1.0 | 192.168.3.1 | 2 |
| 192.168.2.0 | 192.168.3.1 | 1 |

图 5-16　交换后的路由表

**4. RIP 的局限**

RIP 配置简单灵活，被广泛使用，但是也存在很大的局限性。

1）RIP 适用于小型网络，因为它允许的最大路由项为 15，超过 15 个的目的网络会被标记为不可达。

2）RIP 的收敛速度慢。正常运行时，RIP 每 30s 就会收到已有路由项的更新报文，如果经过 180s（6 个周期）没有收到更新报文，才会将此路由信息标识为不可达，这个超时是对于很多应用来说是相当长的。

3）RIP 只考虑经过的路由器数量，而忽略了链路的带宽、时延等因素，距离越小，路径越佳。

## 5.5.3　开放最短通路优先协议

**1. 概述**

开放最短通路优先协议（Open Shortest Path First，OSPF）是一种内部网关协议，是一种基于链路状态的路由选择协议。OSPF 克服了基于距离向量算法的路由选择协议存在的收敛慢、易产生环路、可扩展性差等问题。

**2. OSPF 工作原理**

当路由器开启 OSPF 后，路由器之间就会周期性地发送 hello 报文，以建立相邻路由器之间的邻居关系。

之后，路由器之间会发送链路状态公告（Link State Advertisement，LSA），LSA 包含了路由器的 IP 地址、掩码、开销等信息。每台路由器都会把和自己相连的链路的状态发送给自己的邻居路由器，收到 LSA 的路由器根据 LSA 的信息内容建立自己的链路状态数据库（Link State Database，LSDB）。

运行 OSPF 的路由器在 LSDB 基础上使用 SPF（最短通路优先）算法，计算达到每个网络的最短路径树，得出到达目的网络的最佳路由，形成路由表。形成路由表后，路由器就可以根据路由表来转发数据了。

**3. OSPF 报文**

OSPF 报文分为以下五种：

（1）Hello 报文

路由器周期性地向邻居路由器发送 Hello 报文，用来建立和维护相邻路由器之间的邻居关系。

（2）DD（Database Description，数据库描述）报文

DD 报文用来描述本地路由器的链路状态数据库（LSDB），两台路由器通过交换 DD 报文，实现数据库的同步。

（3）LSR（Link State Request，链路状态请求）报文

LSR 报文用于请求相邻路由器链路状态数据库中的部分数据。两台路由器交换过 DD 报文后，知道对端路由器有哪些 LSA 是本地 LSDB 中所缺少的，就需要发送 LSR 报文，向对方请求缺少的 LSA。

（4）LSU（Link State Update，链路状态更新）报文

LSU 报文是对 LSR 报文请求的响应，用来向对端路由器发送其所需要的 LSA。

（5）LSAck（Link State Acknowledgment，链路状态确认）报文

LSAck 报文是路由器收到 LSU 报文后发出的确认应答报文。

上述 OSPF 这五种报文具有相同的报文头格式，长度为 24B，如图 5-17 所示。

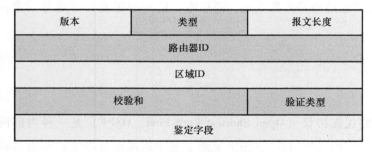

图 5-17　OSPF 的报文头格式

- 版本（Version）：1B，OSPF 版本号，OSPFv2 值为 2，OSPFv3 值为 3。
- 类型（Type）：1B，OSPF 报文类型，1—hello，2—DD，3—LSR，4—LSU，5—LSAck。
- 报文长度（Packet length）：2B，包括报文头在内，单位为字节。
- 路由器 ID（Router ID）：4B，发送该报文的路由器标识，即路由器的 IP 地址。

- 区域 ID（Area ID）：4B，发送该报文的路由器接口所属区域。
- 校验和（Checksum）：2B，对整个包进行差错检验，不包含验证类型字段和验证数据字段。
- 验证类型（Autype）：2B，0—不验证，1—简单认证，2—MD5 认证。
- 鉴定字段（Authentication）：8B，其数值根据验证类型而定。当验证类型为 0 时未做定义；类型为 1 时此字段为密码信息；类型为 2 时此字段包括 Key ID、MD5 验证数据长度和序列号的信息。MD5 验证数据添加在 OSPF 报文后面，不包含在 Authentication 字段中。

**4. OSPF 区域**

OSPF 路由器之间会交换链路状态公告（LSA），当网络规模较大时，将会给 OSPF 计算带来较大的压力。为了降低计算的复杂度，OSPF 采用分区域计算，将网络中的 OSPF 路由器分成不同的区域，每个 OSPF 路由器只维护所在区域的完整链路状态信息。

区域是从逻辑上将路由器划分为不同的组，每个组对应一个区域号，区域号可以用数字来标识，如 Area0、Area1、Area2 等，如图 5-18 所示。

Area0 在 OSPF 中称为骨干区域，负责发布区域间的路由信息。非骨干区域必须与 Area0 相连，通过骨干区域进行相互通信，非骨干区域之间不允许相互发布区域间的路由信息。

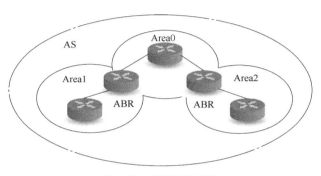

图 5-18  OSPF 的区域

在 OSPF 中，不是全部接口都位于同一个区域的路由器称为区域边界路由器（ABR），ABR 包含所有相连区域的链路状态数据库（LSDB）。

**5. OSPF 邻居/邻接关系**

（1）邻居（Neighbor）

邻居是通过路由器之间相互发送 hello 报文来实现的，路由器启动后，会通过 OSPF 接口周期性发送 hello 报文，收到 hello 报文的 OSPF 路由器会检查报文中的参数，参数一致的话就会形成邻居关系。

（2）邻接（Adjacency）

形成邻居关系的路由器之间成功交换数据库描述报文（DD），并交换 LSA 之后，才能形成邻接关系。两个路由器之间建立了邻接关系后，它们的 LSDB 会进行同步。

**6. 选举 DR 和 BDR**

（1）DR 和 BDR 的工作原理

在 OSPF 中，为了保持链路状态数据库（LSDB）的同步，需要在路由器之间发送 LSA 报文，这就需要在任意两个路由器之间建立邻接关系，这样在传送 LSA 的过程需要占用一定的网络带宽。为了解决这个问题，OSPF 采用了在网络中选举一台指定路由器（Designed

Router，DR）和一台备份指定路由器（Backup Designed Router，BDR）的机制。DR 同本网络的其他路由器建立一种星形的邻接关系，用来同步链路状态数据库，而其他路由器彼此不用建立邻接关系。BDR 是 DR 在网络中的备份路由器，在 DR 发生故障时自动接替 DR 的工作。在 DR 存在的情况下，BDR 不生成网络链路广播消息。

（2）DR 和 BDR 的选举

在选举 DR 和 BDR 时，会先比较路由器各端口的优先级，优先级最高的为 DR，次高的为 BDR。在端口优先级相同的情况下比较 Router ID，Router ID 最高者为 DR，次高者为 BDR。Router ID 是网络中运行 OSPF 的路由器的唯一标识，是一个 32 位的值，用 IP 地址的形式来表示。Router ID 可以手动配置，如果没有配置，则选取路由器接口的最大 IP 地址作为 Router ID。

## 5.5.4 虚拟路由冗余协议

### 1. 概述

虚拟路由冗余协议（Virtual Router Redundancy Protocol，VRRP）是由互联网工程任务组（IETF）提出的冗余网关协议。

VRRP 中，一组物理路由器协同工作，共同组成一个虚拟路由器，该虚拟路由器对外表现为一个固定 IP 地址和 MAC 地址，以此来提供默认网关的高可用性服务。

同一 VRRP 组中的路由器包含主控路由器和备份路由器，一个 VRRP 组中只有一个主控路由器，可以有多个备份路由器。主控路由器负责对地址解析协议（ARP）请求进行应答，这样，不管路由器如何切换，给终端设备的都是固定的 IP 地址和 MAC 地址。

### 2. VRRP 的工作过程

VRRP 的工作过程为：

1）VRRP 组中的路由器根据优先级确定主控路由器和备份路由器，优先级高的为主路由器，优先级低的为备份路由器。

2）主控路由器定期发送 VRRP 通告报文，通知组内的其他备份路由器其配置信息（如优先级等）和工作状态。

3）如果备份路由器在定时器超时后没有收到主控路由器发送的 VRRP 报文，则认为主控路由器发生故障，对外发送 VRRP 通告报文，备份组内的路由器根据优先级重新选举主控路由器，由其承担转发报文任务。

备份路由器的工作方式分为抢占方式和非抢占方式两种。

1）抢占方式下，当路由器收到 VRRP 通过报文后，会将自己的优先级与通告报文中的优先级进行比较，如果大于通过报文中的优先级，则自己成为主控路由器，否则为备份路由器。

2）非抢占方式下，只要主控路由器在正常工作状态，备份组中的路由器即使被分配了更高的优先级，也不会成为主控路由器。

## 5.6　生产系统组网应用实验

### 5.6.1　实验目的

实验

1）掌握基于 MOXA 设备的 VLAN 配置方法。

2）掌握基于 MOXA 设备的 RSTP 配置方法。

### 5.6.2　实验相关知识点

1）MOXA 网络设备的连接与使用。

2）基于 MOXA 设备的 VLAN 配置。

3）基于 MOXA 设备的 RSTP 配置。

### 5.6.3　实验任务说明

某学校订购了一台仓储工站（XPET-S1-WH1），该工站可以通过伺服电动机的定位移动，移动堆垛机实现抓取、放置指定库位物料。其中含有一台 EDS-510A 交换机、一台西门子 S7-1500 PLC、一组 V90 伺服驱动器、一台 HMI。其外部也有一台 EDS-510A 交换机以及一台服务器，服务器中运行着诸如 MES（制造执行系统）、OMS（订单管理系统）、PDPS（工艺设计和仿真）等智能系统，如图 5-19 所示。

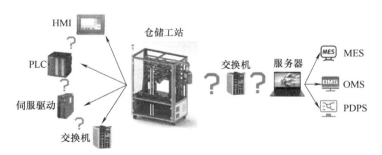

图 5-19　网络要求

现在需要将 PLC 通过交换机与工站中的其余设备进行连通，服务器通过工站外的交换机与工站连通。把交换机、服务器称为非生产设备，其余设备称为生产设备。具体网络要求如下：

1）为了降低通信干扰，希望生产设备只可以和非生产设备中的服务器进行通信，而不可以与交换机通信。

2）该网络应具有一定的链路冗余能力，收敛时间应小于 20s。

各个设备 IP 要求见表 5-3。

表 5-3    设备 IP 分布

| 设备名称 | IP 地址 | 设备名称 | IP 地址 |
|---|---|---|---|
| PLC | 192. 168. 127. 100 | 服务器 | 192. 168. 127. 200 |
| V90 | 192. 168. 127. 101 | SW1 | 192. 168. 127. 252 |
| HMI | 192. 168. 127. 105 | SW2 | 192. 168. 127. 253 |

## 5.6.4    实验设备

实验设备见表 5-4。

表 5-4    实验设备

| 硬件/软件/辅助工具名称 | 型号/版本 | 数量 | 单位 |
|---|---|---|---|
| 交换机 | EDS-510A | 2 | 台 |
| 智能仓储工站 | XPET-S1-WH1 | 1 | 台 |
| 计算机 | 民用计算机 | 2 | 台 |

## 5.6.5    实验原理

通过 VLAN 技术，可以将连接在一台交换机上的设备在二层网络进行隔离，降低广播数据的发送和转发，同时保护数据安全。通过诸如 STP、RSTP 等链路冗余技术可以提高网络的链路冗余能力，避免因为单点链路故障而导致的大范围网络中断。

## 5.6.6    实验步骤

### 1. 准备工作

由任务说明可知，需要将所有生产设备连接于一台交换机，服务器连接于另一台并将两台交换机相互连接。由于需求中要求网络有一定的链路冗余能力且收敛时间小于 20s，所以应该在 SW1、SW2 间开启环网 RSTP，从而得到满足需求的网络拓扑图，如图 5-20 所示。

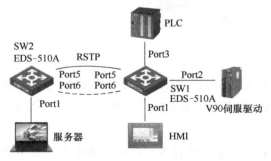

图 5-20    网络拓扑图

因为要求 1）中希望将生产设备和非生产设备间的通信进行一定程度的隔离，所以我们可以采用 VLAN 对不同端口的设备进行划分，具体见表 5-5。

表 5-5 VLAN 划分

| VLAN 号 | 所属设备 | VLAN 号 | 所属设备 |
|---|---|---|---|
| 1 | 服务器、SW1、SW2 | 2 | PLC、HMI、V90 伺服驱动 |

### 2. SW1 配置

接下来按照图 5-20、表 5-3、表 5-5 对 SW1 进行配置。首先，为了访问 SW1，修改本机有线适配器 IP 为 192.168.127.200/24，称为 PC1。将 PC1 与 SW1 的端口 7 连接，按照表 5-5 的规划以及网络需求，应该先对 VLAN 进行修改。然后由拓扑图得需要在交换机的 5、6 端口开启 RSTP 的环网，修改配置如图 5-21 所示。

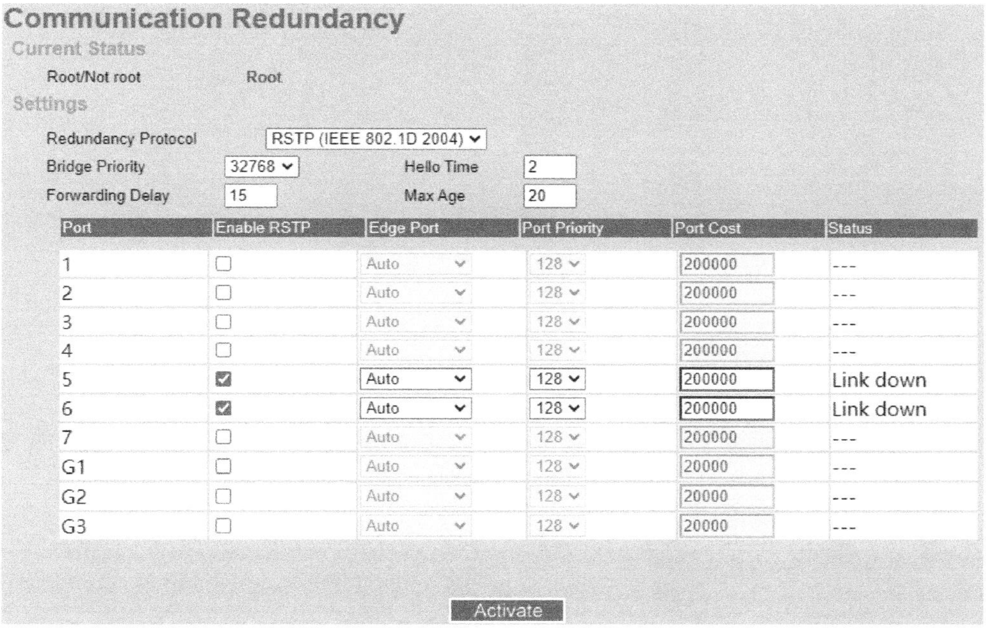

图 5-21 SW1 环网配置

最后我们修改 SW1 的地址如表 5-3 所要求的 192.168.127.252。

### 3. SW2 配置

将 PC1 连接至 SW2 的端口 1，并按照表 5-5 和图 5-21 修改 VLAN 配置。VLAN 修改完毕后，我们为 SW2 也开启 RSTP 环网如图 5-22 所示。

至此，SW2 的配置也已完成。现在可以进行系统测试，将 SW1、SW2 按照图 5-20 所示连接，可以看到 RSTP 界面中端口状态的改变，说明此时环网配置成功，如图 5-23 所示。

此时为了模拟 PLC 进行通信测试，可以用另一台计算机（称为 PC2）并修改 IP 为 192.168.127.100，连接至 SW1 端口 3。此时可以在 PC2 上测试，发现 PC2 不可以 ping 通 SW1（即 192.168.127.252），可以 ping 通 PC1（即 192.168.127.200），如图 5-24 所示，说明要求 1）满足。

**Communication Redundancy**

Current Status

    Root/Not root          Root

Settings

    Redundancy Protocol      RSTP (IEEE 802.1D 2004) ⌄

    Bridge Priority        32768 ⌄        Hello Time     2

    Forwarding Delay     15           Max Age     20

| Port | Enable RSTP | Edge Port | Port Priority | Port Cost | Status |
|------|-------------|-----------|---------------|-----------|--------|
| 1 | ☐ | Auto ⌄ | 128 ⌄ | 200000 | --- |
| 2 | ☐ | Auto ⌄ | 128 ⌄ | 200000 | --- |
| 3 | ☐ | Auto ⌄ | 128 ⌄ | 200000 | --- |
| 4 | ☐ | Auto ⌄ | 128 ⌄ | 200000 | --- |
| 5 | ☑ | Auto ⌄ | 128 ⌄ | 200000 | Link down |
| 6 | ☑ | Auto ⌄ | 128 ⌄ | 200000 | Link down |
| 7 | ☐ | Auto ⌄ | 128 ⌄ | 200000 | --- |
| G1 | ☐ | Auto ⌄ | 128 ⌄ | 20000 | --- |
| G2 | ☐ | Auto ⌄ | 128 ⌄ | 20000 | --- |
| G3 | ☐ | Auto ⌄ | 128 ⌄ | 20000 | --- |

Activate

图 5-22　SW2 开启 RSTP

图 5-23　环网状态

可以将 SW1 端口 5 的网线断开，图 5-24 所示的测试结果不变，说明此时 RSTP 的链路冗余功能已经实现，实现了要求 2）。至此实验结束。

图 5-24　测试结果

## 5.6.7　实验练习题

请分析 SW1 与 SW2 的 VLAN 配置哪些必须一致，哪些不必，为什么？

## 5.7　OSPF 应用实验

### 5.7.1　实验目的

1）掌握基于 MOXA 设备的网络接口配置方法。

2）掌握基于 MOXA 设备的 OSPF 配置方法。

实验

### 5.7.2　实验相关知识点

1）基于 MOXA 设备的网络接口配置。

2）基于 MOXA 设备的 OSPF 配置。

### 5.7.3　实验任务说明

某实验室采购了两台 XPET-S1-WH1 仓储工站以及两台 EDR-810 交换机，现在希望在服务器上部署一定的 IT 系统，使其可以和工站 1、工站 2 通信进行监控和管理，且已经设定好网络拓扑图，如图 5-25 所示。

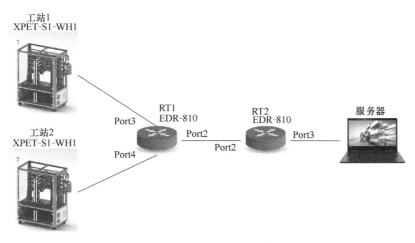

图 5-25　网络拓扑图

具体网络要求如下：

1）为了方便管理要求服务器、工站 1、工站 2 分别属于不同的网段，设备 IP 分布见表 5-6。

表 5-6　设备 IP 分布

| 设备名称 | IP 地址 | 网关地址 |
| --- | --- | --- |
| 服务器 | 192.168.3.100/24 | 192.168.3.254 |
| 工站 1 | 192.168.1.100/24 | 192.168.1.254 |
| 工站 2 | 192.168.2.100/24 | 192.168.2.254 |

2）通过对路由器进行配置，使得网络中的设备可以相互访问。

3）使用 OSPF 动态路由完成上述需求。

## 5.7.4　实验设备

实验设备见表 5-7。

表 5-7　实验设备

| 硬件/软件/辅助工具名称 | 型号/版本 | 数量 | 单位 |
| :---: | :---: | :---: | :---: |
| 路由器 | EDR-810 | 2 | 台 |
| 智能仓储工站 | XPET-S1-WH1 | 1 | 台 |
| 计算机 | 民用计算机 | 2 | 台 |

## 5.7.5　实验原理

通过 OSPF，可以使一组路由器自动地交互各自的路由信息，为网络提供更快速、准确和可靠的路由选择。OSPF 与静态路由技术相比，可以在大幅地减少实施、运维成本的同时，极大地提升网络的可拓展性，在接入新的网络后，可以自动地在路由器间更新相关的路由信息。

## 5.7.6　实验步骤

### 1. 准备工作

根据实验要求可知，网络中存在四个网段，分别是服务器、工站 1、工站 2、路由器 1和 2。可以先为每一个网段分配一个 VLAN，进行前期规划见表 5-8。同时注意到 RT1、RT2的默认地址相同，为了避免 IP 冲突带来的影响，将 RT2 默认地址修改为 192.168.127.253。

表 5-8　VLAN 划分

| VLAN 号 | 所属设备 | 网段 | 网关地址 |
| :---: | :---: | :---: | :---: |
| 30 | 服务器 | 192.168.3.0/24 | 192.168.3.254 |
| 10 | 工站 1 | 192.168.1.0/24 | 192.168.1.254 |
| 20 | 工站 2 | 192.168.2.0/24 | 192.168.2.254 |
| 1 | RT1、RT2 | 192.168.127.0/24 | 192.168.127.254 |

### 2. RT1 配置

由图 5-25 及表 5-8 可知，RT1 的 3、4 端口分别连接工站 1 和工站 2，所以可得 3、4 端口的 PVID（端口的虚拟局域网 ID）分别为 10、20；RT1 的端口 2 连接的是 RT2，所以可得其 PVID 为 1。由此可得 RT1 的 VLAN 配置如图 5-26 所示。

由图 5-25 以及表 5-8 可知，RT1 需要至少新接入两个网段，分别为 192.168.1.0/24 和192.168.2.0/24，而网关地址就是对应的路由器的接口地址，由此可得 RT1 的网络接口配置如图 5-27 所示。

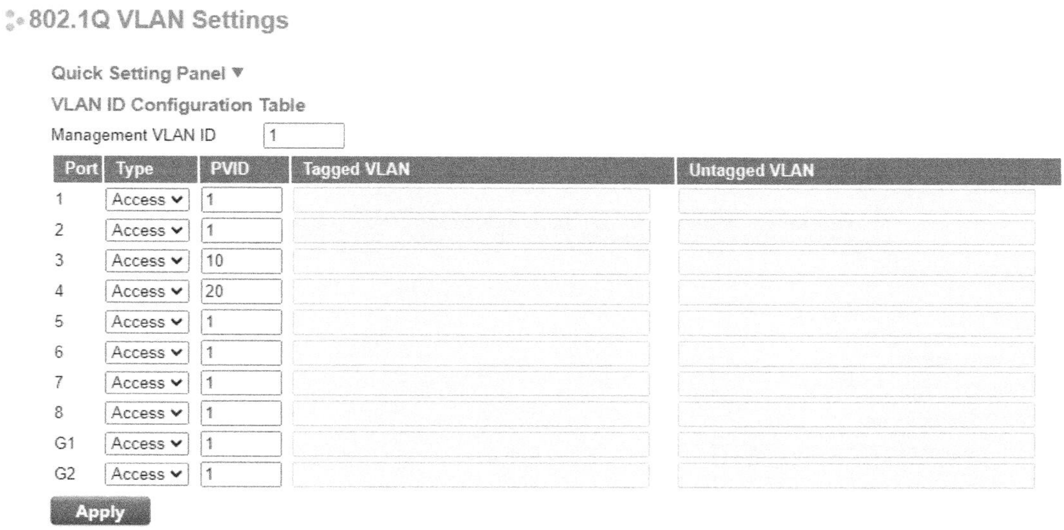

#### 802.1Q VLAN Settings

Quick Setting Panel ▼

VLAN ID Configuration Table

Management VLAN ID [ 1 ]

| Port | Type | PVID | Tagged VLAN | Untagged VLAN |
|------|------|------|-------------|---------------|
| 1 | Access ∨ | 1 | | |
| 2 | Access ∨ | 1 | | |
| 3 | Access ∨ | 10 | | |
| 4 | Access ∨ | 20 | | |
| 5 | Access ∨ | 1 | | |
| 6 | Access ∨ | 1 | | |
| 7 | Access ∨ | 1 | | |
| 8 | Access ∨ | 1 | | |
| G1 | Access ∨ | 1 | | |
| G2 | Access ∨ | 1 | | |

[ Apply ]

图 5-26　RT1 VLAN 配置

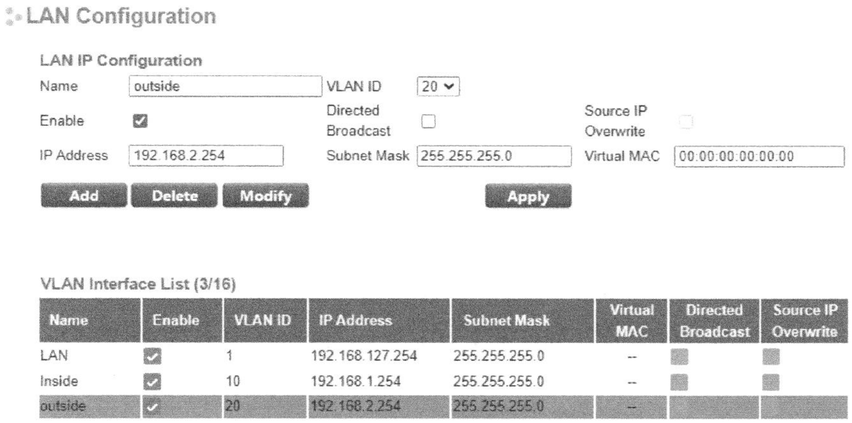

#### LAN Configuration

LAN IP Configuration

| | | | |
|---|---|---|---|
| Name | outside | VLAN ID | 20 ∨ |
| Enable | ☑ | Directed Broadcast | ☐ | Source IP Overwrite | ☐ |
| IP Address | 192.168.2.254 | Subnet Mask | 255.255.255.0 | Virtual MAC | 00:00:00:00:00:00 |

[ Add ]　[ Delete ]　[ Modify ]　　　　　[ Apply ]

VLAN Interface List (3/16)

| Name | Enable | VLAN ID | IP Address | Subnet Mask | Virtual MAC | Directed Broadcast | Source IP Overwrite |
|------|--------|---------|------------|-------------|-------------|--------------------|--------------------|
| LAN | ☑ | 1 | 192.168.127.254 | 255.255.255.0 | -- | ■ | ■ |
| Inside | ☑ | 10 | 192.168.1.254 | 255.255.255.0 | -- | ■ | ■ |
| outside | ☑ | 20 | 192.168.2.254 | 255.255.255.0 | -- | | |

图 5-27　RT1 网络接口设置

由于 RT1 直接连接的网段为 192.168.1.0/24、192.168.2.0/24、192.168.127.0/24，没有直接连接服务器所在的网段 192.168.3.0/24，所以可以通过 OSPF 动态路由协议让路由器间相互传递路由信息。

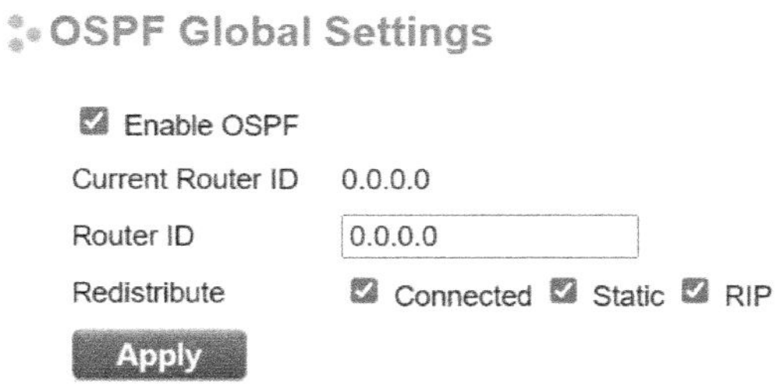

首先要开启 OSPF，在 OSPF Global Settings 页面中勾选"Enable OSPF"并将下面的三种

#### OSPF Global Settings

☑ Enable OSPF

Current Router ID　0.0.0.0

Router ID　　　　[ 0.0.0.0 ]

Redistribute　　　☑ Connected ☑ Static ☑ RIP

[ Apply ]

图 5-28　OSPF Global Settings 页面

路由信息全部勾选使得尽可能多地传递路由信息，如图 5-28 所示。

使能 OSPF 之后新建一个 Normal 区域，ID 为 0.0.0.0，如图 5-29 所示。

因为 RT1 和 RT2 的端口 2 相连接，其对应的 VLAN ID 为 1，对应的接口名称为 LAN，所以可得 OSPF 接口设置如图 5-30 所示。

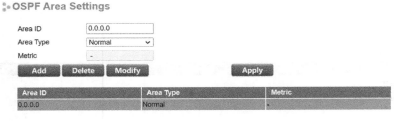

图 5-29    新建 Normal 区域

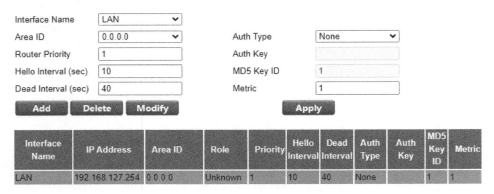

图 5-30    RT1 OSPF 接口设置

### 3. RT2 配置

由图 5-25 及表 5-8 可知，RT2 的端口 3 连接服务器，所以可得端口 3 的 PVID 为 30；RT2 的端口 2 连接的是 RT1，所以可得其 PVID 为 1。由此可得 RT2 的 VLAN 配置如图 5-31 所示。

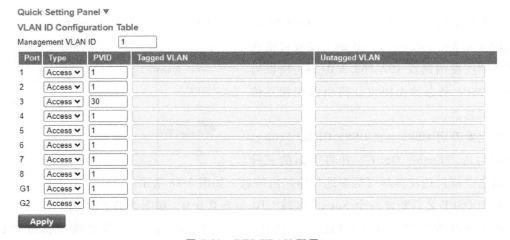

图 5-31    RT2 VLAN 配置

由图 5-25 及表 5-8 可知，RT2 需要至少新接入 192.168.3.0/24 网段，而网关地址就是对应的路由器的接口地址，由此我们得 RT2 的网络接口配置如图 5-32 所示。

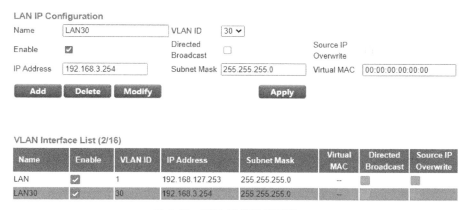

图 5-32　RT2 网络接口配置

与 RT2 直接连接的网段为 192.168.3.0/24、192.168.127.0/24，没有直接连接工站 1 和工站 2 所在的网段 192.168.1.0/24、192.168.2.0/24，所以可以通过 OSPF 动态路由协议让路由器间相互传递路由信息。

首先要开启 OSPF，在 OSPF Global Settings 页面中勾选 "Enable OSPF" 并将下面的三种路由信息全部勾选，使得尽可能多地传递路由信息；使能 OSPF 之后，新建一个 Normal 区域，ID 为 0.0.0.0；最后因为 RT1 和 RT2 的端口 2 相连接，其对应的 VLAN ID 为 1，对应的接口名称为 LAN，所以可得 OSPF 接口设置如图 5-33 所示。

图 5-33　RT2 OSPF 接口设置

首先选择两台带有有线网口的计算机作为测试计算机，分别称为 PC1、PC2。修改 PC1 的 IP 地址与表 5-6 中的服务器一致；修改 PC2 的 IP 地址与表 5-6 中的工站 1 一致，如图 5-34 所示。

将 RT1 的端口 2 和 RT2 的端口 2 相连接，PC1 连入 RT2 的端口 3，PC2 连入 RT1 的端口 3，PC1 可以 ping 通 PC2；将 PC2 的 IP 修改为与表 5-6 中的工站 2 一致，并连入 RT1 的端口 4，PC1 可以 ping 通 PC2。以上两次结果一致，说明实验成功。

图 5-34　PC1、PC2 IP 配置

## 5.7.7　实验练习题

请分析 RT1 与 RT2 的端口 2 的 VLAN 设置对于 OSPF 配置的影响。

### 习 题

1. Access 端口和 Trunk 端口有什么区别？
2. VLAN 间如何实现通信？
3. 简述 STP 根交换机和根端口的产生过程。
4. 简述 STP 端口状态的转变过程。
5. RSTP 在 STP 基础之上有什么改进？
6. 简述 RIP 路由表更新的规则。
7. 简述 OSPF 选举 DR 和 BDR 的方法。
8. 请说明 VRRP 主控路由器发生故障后，选举新的主控路由器的过程。

科学家科学史

"两弹一星"功勋科学家：杨嘉墀

# 第 6 章

# 生产系统网络安全

PPT 课件

课程视频

## 6.1 网络安全配置

### 6.1.1 网络安全概述

随着信息化浪潮的到来以及个人计算设备的不断普及,网络深入到各个行业和组织的角落之中,并伴随着网络中急速交互的信息,近距离地享受着最新科技的服务。与此同时,组织和个人的数据、计算和交互越来越依赖于各个 IT 系统和计算设备,这使得网络安全的重要性越发凸显。

以工业 4.0 为例,区别于以往的工业 3.0 系统中 OT 系统为主导,工业 4.0 中为了实现自感知、自学习、自决策、自执行、自适应等功能的新型生产方式,引入了大量的 IT 系统与 AI 系统,并通过网络与 OT 系统和传感器紧密相连。其中,以端到端数据流为基础,以网络互连为支撑,网络稳定与安全的重要性日益凸显。在工业 4.0 时代,为了打破信息孤岛,边缘设备互连是必不可少的,这使得网络深入生产的每个角落。而网络的大规模扩展,使得网络安全的工作越发复杂,也让非恶意用户有了更多窥伺网络的机会。与此同时,网络被侵入后的影响范围与日俱增,以往不联网仅仅作为执行机构的设备也会受到网络攻击的影响,如传感器、自动导引车(AGV)、摄像头等。这也使得企业越发重视其网络的稳定性以及安全性,若是网络安全和稳定得不到保障,轻则生产效率严重下降,重则引起工业参数丢失、生产设备遭受攻击等严重问题。

在面临的众多网络攻击之中,黑客或者非法用户通过网络对 IT 或 OT 系统的入侵是最危险的威胁之一。这些攻击包括利用系统漏洞进行未授权登录,其入侵方式包括网络病毒、蠕虫和木马等。在 2010 年甚至出现了一种通过 USB 传播的专门攻击 OT 的计算机病毒"Stuxnet"。这种病毒专门针对西门子公司旗下的工业控制系统特别是 SCADA 系统进行攻击,可以干扰正常程序的执行或从中获取相关生产数据。由于西门子的工业控制系统广泛应用于汽车制造、水力发电等工业场景中，对这些工业控制系统的入侵，使得通过网络空间的手段影响甚至攻击物理空间中的设备成为可能。甚至于入侵者无需影响原有系统，仅仅是窃取企业网络中的关键数据也会使得企业的竞争力受到极大影响，引起了相关行业企业的极大重视。

企业为了提高网络的安全性，以及保护关键数据和设备，纷纷引入了防火墙（Firewall）这一访问控制技术。该技术一般通过分组来控制网络间数据的传输并禁止非法数据的传输，增大入侵的难度从而保护网络安全。防火墙并不是万能的，也不是物理上将可信网络和不可信网络分隔，它不能消除入侵的可能性。但是通过防火墙的入侵检测系统（Intrusion Detection System），可以对网络间传输的数据进行分析和检测，筛选出可疑的网络活动从而提供预警或是下一步行动的基础。

## 6.1.2　防火墙概述

防火墙是用于可信网络（防火墙内，一般为内部网络）和不可信网络（防火墙外，一般为因特网）之间并将二者进行分隔，保护可信网络的一种技术。由于网络攻击的方式来源的多样，防火墙技术为了对抗这些攻击就成了涉及网络技术、密码技术、安全技术、软件技术、安全协议、国际标准化组织（ISO）的安全规范、安全操作系统等方面的复杂技术。

如图 6-1 所示，在实际应用中，防火墙通常用于隔离风险区域（如因特网或其他存在一定风险的网络）与安全区域（如内部网或内联网）之间的连接，例如企业的内部网络和因特网之间。员工办公需要因特网的协助，而企业内部网络中的数据又需要保密，希望仅允许授权用户访问，同时尽可能地避免其他不必要的来自因特网的访问，降低网络风险。此时防火墙的包过滤功能就是一种行之有效的方案。

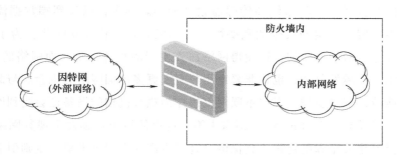

图 6-1　防火墙示意图

在实际应用中，防火墙被视为一种可以提供信息安全服务并实现网络和信息安全的基础设施，一般用于不同网络之间并作为网络的出入口的大门，企业可以根据自己的安全需求编辑防火墙中的相关安全策略，从而限制相关网络间的活动，保障企业的信息安全。在逻辑上，防火墙往往充当的是一个分离器、限制器和分析器，通过它，企业可以有效监管流经防火墙的所有网络活动，既可以限制不合理的数据流动，又可以为分析可疑网络活动提供基础。总的来说，防火墙的设计目的一般为以下几点：

1）对途经防火墙的网络活动进行限制，阻挡不符合要求的用户或者数据。

2）对用户群体进行分类，并给予不同的访问权限。

3）对途经的数据流进行监控和分析。

由于防火墙假设了网络边界和服务，因此可以看成相对独立的网络，如内联网等相对集中的网络。目前防火墙已经成为对网络系统访问进行控制非常流行的方法，也是对黑客防范较严、安全性较强的一种方式。任何关键网络与外部网络之间都建议放置一个防火墙用以保护关键数据。

### 6.1.3　防火墙使用

根据所使用的技术不同，防火墙可以分为分组过滤路由器和应用级网关，本章主要介绍分组过滤路由器的原理以及使用方法。

分组过滤路由器可以通过配置过滤规则对进出路由器的数据包执行不同的操作，即发送或者丢弃来保证通信的安全。可以通过防火墙中提供的可供选择的过滤条件来对经过的数据进行筛选，一般而言，数据包中的网络层或者传输层的首部信息都可以作为过滤条件，例如常见的源/目的 IP、源/目的端口、协议类型等。

（1）基于 IP 的过滤

基于 IP 的过滤规则是十分常见的一种过滤条件。如图 6-2 所示，一台 IP 为 192.168.1.2 的服务器通过一个带防火墙功能的路由器（EDR-810）与外部网络相连接。为了保证服务器的数据安全，希望只有 208.165.2.100～208.165.2.120 范围内的 IP 可以和服务器进行通信。

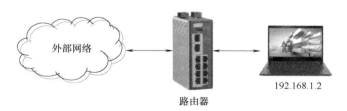

外部网络

路由器

192.168.1.2

图 6-2　防火墙拓扑示意图

在路由器中，所有的过滤规则以表格的形式展现在界面中，序号越小的执行优先级越高。根据需求，可得过滤规则为放行源地址在 208.165.2.100～208.165.2.120 范围内的 IP 以及目的 IP 为 192.168.1.2 的数据包，丢弃其余源 IP 不在范围内但是目的 IP 仍为 192.168.1.2 的数据包，如图 6-3 所示。

（2）基于协议的过滤

基于协议的过滤也是一种很常见的需求，例如公司不希望内部网络的设备花费大量的时间在访问外部网络的 USENET 新闻上因而影响工作效率，防火墙拓扑示意图如图 6-4

图 6-3　IP 过滤配置示意图

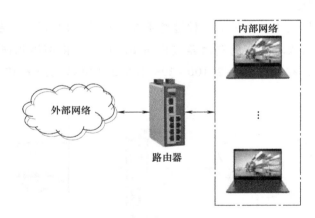

图 6-4　基于协议防火墙拓扑示意图

所示。其中，内部网络对应的网络接口名称为 Inside，外部网络对应的网络接口名称为
Outside。

　　为了限制内部网络用户访问外部网络的网页，可以通过两个条件来筛选和限制路由器中
相关的数据包。第一部分为从内部到外部的流量，可以通过网络接口进行筛选，即从 Inside
到 Outside；第二部分为数据包协议，因为 TCP 的端口号指出了在 TCP 上面的应用层服务。
例如，端口号 23 是 Telnet，端口号 1883 是 MQTT 等。而此时需要限制的协议为 USENET，
其对应的端口号为 119，所以可以通过这两个条件将符合需求的数据包筛选出来并丢弃的同
时避免对其他数据包的影响，如图 6-5 所示。

Global Setting

| | | | | | | | |
|---|---|---|---|---|---|---|---|
| Firewall Event Log | Disable | | | | | | |
| Malformed Packets | Disable | Severity | <0> Emergency | Flash ☐ | Syslog ☐ | SNMP Trap ☐ | |

Policy Setting

| | | | | |
|---|---|---|---|---|
| Name | forbidden | Action | DROP | |
| Enable | ☑ | Source IP | All | |
| Severity | <0> Emergency　Flash ☐　Syslog ☐　SNMP Trap ☐ | Source IP-MAC Binding | Disable | |
| Interface　From | Inside | Source Port | All | |
| 　　　　　To | outside | Destination IP | All | |
| Automation Profile | TCP | Destination Port | Single | 119 |
| Filter Mode | IP Address Filter | | | |
| TCP Session control Max | 0　　Session / Second 0:Disable | | | |
| IEC 61162-460 Comply | ☐ | | | |

[ Add ] [ Modify ] [ Delete ] [ Move ] 　　 [ Apply ] [ Policy Check ]

Filter List (2/256)

| Enable | Index | Input | Output | Protocol | Source IP | Source MAC | Source Port | Destination IP | Destination Port | Action | Event_Log / Severity | |
|---|---|---|---|---|---|---|---|---|---|---|---|---|
| ☐ | 1 | ALL | ALL | All | All | -- | All | All | All | DROP | Disable / <0> Emergency | |
| ✓ | 2 | inside | outside | TCP | All | -- | All | All | 119 | DROP | Disable / <0> Emergency | forbidden |

图 6-5　防火墙规则配置示意图

## 6.2　网络地址转换技术

在互联网上，所有公共 IPv4 地址都必须向互联网注册管理机构（RIR）注册。组织可以从其服务提供商处租用公共地址。拥有公共 IP 地址注册的组织可以将该地址分配给其网络设备，但是 IPv4 地址的理论最大容量约为 43 亿。Bob Kahn 与 Vint Cerf 在 1981 年设计 TCP/IP 协议族（包括 IPv4）时，个人计算机仍未普及，万维网还有十多年才出现，当时的设计者没有预料到后续个人计算机与网络的爆发性发展。

随着个人计算机与万维网的出现，IPv4 地址很快耗尽，为了满足日益增长的 IP 需求，IETF 提出几种短期解决方案，其中就有网络地址转换（NAT）。当然其根本性解决方案是推行 IPv6，只是本节主要讨论 NAT 协议的原理与使用方法。

### 6.2.1　NAT 概述

一般而言，设备需要访问因特网时都需要使用网络地址转换（NAT）服务，即由组织为内部主机分配私有 IP 地址。当内部主机访问外部时，通过 NAT 服务将私有地址转为公有 IP 地址，当流量从外部返回内部时，NAT 服务将该流量重新转换为内部私有 IP 地址。

目前公有 IPv4 地址已经不能满足每台设备一个唯一地址的联网需求，通常使用 RFC 1918 中定义的私有 IPv4 地址来实施网络，见表 6-1。

表 6-1　RFC 1918 内部地址范围

| 类别 | CIDR 前缀 | RFC 1918 内部地址范围 |
|---|---|---|
| A | 10. 0. 0. 0/8 | 10. 0. 0. 0 ~ 10. 255. 255. 255 |
| B | 172. 16. 0. 0/12 | 172. 16. 0. 0 ~ 172. 31. 255. 255 |
| C | 192. 168. 0. 0/16 | 192. 168. 0. 0 ~ 192. 168. 255. 255 |

以上地址可以作为私网在企业、工厂中使用满足其内部设备间通信需求，但是由于这些地址并没有在前文中的互联网注册管理机构（RIR）注册过，所以私有 IPv4 地址无法通过互联网路由。若是私网内的设备需要访问外部网络的设备或者资源，就需要通过 NAT 服务将私有地址转为公有地址，如图 6-6 所示。

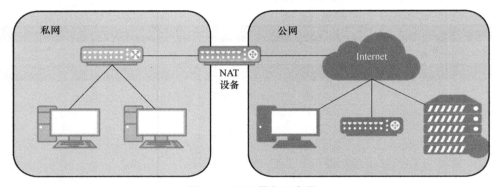

图 6-6　NAT 服务示意图

值得注意的是，NAT 服务将私网地址转换为公网地址的这一行为很多时候并不是一对一的，而是多对一的，也就是可以将多个私网地址转为同一个公网地址。这一特性使得公网地址的使用效率大大提升，一个公网地址可以为整个私网的设备服务。

NAT 的出现极大地缓解了 IPv4 地址空间耗尽的问题，但是 NAT 并不是万能的，其本身仍有一些限制，所以为了根本性地解决这一问题，还得将 IPv4 过渡到 IPv6。

## 6.2.2　NAT 术语

在 NAT 中，常用的地址有四种：内部本地地址、内部全局地址、外部全局地址、外部本地地址。

内部本地地址：内部网络中主机通信时所用的地址，该地址全局唯一且一般为私网地址。

内部全局地址：当内部网络设备与外部网络设备通信时内部网络设备所使用的外部网络地址，通常为公网地址。

外部全局地址：内部网络看到的外部网络中主机的地址，这一地址是面向内部网络设备时所使用的，不一定为公网地址。

外部本地地址：外部网络中设备的 IP 地址，一般为公网 IP。

## 6.2.3　NAT 原理

NAT 有三种类型：静态 NAT（Static NAT）、动态 NAT（Pooled NAT）、网络地址和端口翻译（Network Address and Port Translation，NAPT）。

### 1. 静态 NAT

静态 NAT 的主要功能为实现本地地址与全局地址间一对一的地址映射，这些映射由网络管理员进行配置，并保持不变。显然这种方式对于节约公网 IP 帮助不大，一般用于一些特殊的组网需求，例如为了安全隐藏内部主机的 IP，或者在不改变设备 IP 且存在 IP 冲突的情况下实现设备间通信等。

以图 6-7 为例，当内部网络中一台地址为 192.168.1.100 的主机访问外部网络主机 192.168.127.100 时，数据包的源地址是 192.168.1.100，目的地址是 192.168.127.100，路由器在进行数据包转发时将执行以下过程：

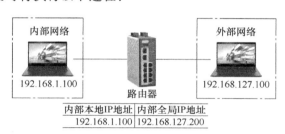

图 6-7　静态 NAT

1）路由器读取数据包中的源 IP 地址，即 192.168.1.100。再根据此 IP 地址在转换表中检索，如果表中存在对应的转换规则，则继续执行转换，如果没有找到，则丢弃该数据包。

2）根据转换表中的转换规则将原本的源地址替换为规则中的公网地址，即 192.168.127.200，替换完毕后转发该数据包。

3）当 192.168.127.100 的主机收到并处理完经过 NAT 的数据包后，会将处理结果发送回 192.168.127.200。

4）路由器接收到返回数据包后，依据包中的目的 IP 地址在转换表中进行检索，从而得到目的 IP 为 192.168.127.200 的数据包对应的内部本地 IP 地址，即 192.168.1.100。然后路由器将包中的源目的 IP 地址替换为检索到的对应数据，即 192.168.1.100 后转发回内部。

5）内部 192.168.1.100 主机接收到 192.168.127.100 主机处理完后返回的数据包，此次通信结束。

### 2. 动态 NAT

动态地址转换（动态 NAT）的主要功能为实现本地地址与全局地址之间多对多的地址映射，并自动管理可用地址降低运维与部署成本。例如，有 40 个内部地址和 20 个全局地址，当内部网络设备需要访问外部设备时，自动地在 20 个全局地址中分配一个可用的全局地址，从而不再需要人工配置一对一的映射。但是值得注意的是，一旦全局地址分配完毕，那么其他主机只能等待被占用的公网地址被释放后才能使用被释放的地址。

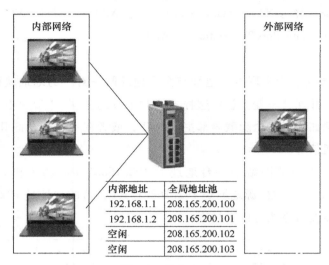

图 6-8   动态 NAT

以图 6-8 为例，在开启动态 NAT 后，路由器中会维护一个地址池，里面记录了所有可以被使用的公网地址，地址池中的地址默认处于未使用（Not Use）状态。当某个内网设备需要访问外网时，路由器会从地址池中找寻一个处于未使用状态的公网地址并分配给这个内网地址，此时该公网地址在地址池中的状态变为已使用（In Use）。分配完毕后，该内网设备与外网通信时路由器的工作流程与静态 NAT 时相同，可以参考静态 NAT 设置。

当内网主机与公网主机的通信连接结束以后，为了节省地址路由器，会及时收回分配给该内网主机的公网地址，并删除该内网主机与公网地址的对应关系。这时回收的公网地址在地址池中的状态由已使用转为未使用，当有新的内网主机需要访问外网时，就可以使用刚刚回收的该公网地址了。需要注意的是，每次内网主机与外网通信时其所获得的公网 IP 不一定相同，因为每次重新与外网建立通信时，是由路由器在地址池中分配一个状态为未使用的公网地址，这一点与静态 NAT 固定的一一对应的关系并不相同。但是也因为这个机制使得路由器可以最大化地利用公网地址，哪个内网设备需要就分配给哪个，从而提高了公网地址的利用效率。

**3. 网络地址和端口翻译（NAPT）**

网络地址和端口翻译（NAPT）的主要功能为将多个私有 IPv4 地址映射到单个 IPv4 地址或几个地址，从而使得一个或几个公网 IP 地址就可以将数千名用户连接至因特网，其核心在于利用端口号实现公网和私网的转换。这也是绝大多数家用路由器所采用的方式。

当路由器需要处理多对一的 IP 的地址转换时，静态 NAT 和动态 NAT 会带来新的问题，当有多个内部地址去访问外部网络的某一地址时，无法区分不同内部地址访问后返回的流量。所以网络地址和端口翻译（NAPT）会通过端口号对每个内部地址进行跟踪，当其发起

TCP/IP 会话时，它就生成一个 TCP 或者 UDP 源端口值或专门为互联网控制报文协议（IC-MP）分配的查询 ID，用来唯一标识该会话，当路由器收到数据包时，就会使用其源端口号来唯一确定特定的 NAT。

网络地址和端口翻译（NAPT）通过传输层中对于端口的限制确保内部设备对同一个外部设备会话使用不同的 TCP 端口号。当外部设备返回响应时，源端口（在响应中为目标端口号）决定路由器将数据包转发到哪个设备，同时该过程还会验证传入数据包是否是请求数据包，因而在一定程度上提高会话的安全性。图 6-9 演示了该 NAPT 过程，将唯一的源端口号添加到内部全局地址上来区分不同的内部 IP 地址。

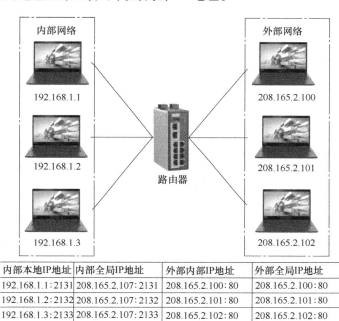

| 内部本地IP地址 | 内部全局IP地址 | 外部内部IP地址 | 外部全局IP地址 |
|---|---|---|---|
| 192.168.1.1：2131 | 208.165.2.107：2131 | 208.165.2.100：80 | 208.165.2.100：80 |
| 192.168.1.2：2132 | 208.165.2.107：2132 | 208.165.2.101：80 | 208.165.2.101：80 |
| 192.168.1.3：2133 | 208.165.2.107：2133 | 208.165.2.102：80 | 208.165.2.102：80 |

图 6-9　NAPT 过程

以图 6-9 为例，当内部网络中一台地址为 192.168.1.1 的主机访问外部网络主机 208.165.2.100 时，数据包的源地址是 192.168.1.1，目的地址是 208.165.2.100，路由器在进行数据包转发时将执行以下过程：

1）路由器从通信的第一个数据包中提取出源地址 192.168.1.1、源端口号 2131、目的地址 208.165.2.100 和目的端口号 80，选择一个大于 1024 的未被使用的端口号（如 2131），连同路由器的出口地址 208.165.2.107，将这些信息记录在转换表中。在转换表中，源地址为 192.168.1.1、源端口号为 2131 的数据对应为地址 208.165.2.107，端口号 2131。

2）路由器在根据内网设备的地址对应的转换表的记录，将原数据包中的源地址 192.168.1.1 替换为 208.165.2.107，源端口 2131 替换为 2131，替换完毕后进行转发。

3）当 208.165.2.100 的主机收到并处理完经过 NAT 的数据包后，会从 80 端口将处理结果发送回 208.165.2.107，目的端口号为 2131。

4）路由器接收到返回数据包后，依据包中的目的 IP 地址在转换表中进行检索从而得到目的 IP 为 208. 165. 2. 107、端口为 2131 的记录。然后将数据包中的目的地址修改为记录对应的 192. 168. 1. 1，将目的端口替换为记录中对应的 2131，替换完毕后转发回内部网络。若是在转换表中无法根据目的 IP 和端口号检索到相关的记录，则丢弃该数据包。

5）内部 192. 168. 1. 1 主机接收到 208. 165. 2. 100 主机处理完后返回的数据包，此次通信结束。

## 6.2.4　NAT 配置

由于目前网络中 NAT 的广泛应用，所以如何正确的配置不同类型的 NAT 非常重要。在这一部分将介绍如何在 MOXA 路由器上配置 NAT 服务，从而提升地址的利用效率。

**1. 静态 NAT 配置**

静态 NAT 需要逐个定义内部地址与外部地址的一一映射关系，其允许外部设备使用映射中的外部地址访问内部设备。如图 6-10 所示，内部网络设备 IP 为 192. 168. 1. 100，需要通过分配的内部全局 IP 地址 192. 168. 127. 200 与外部网络中的 192. 168. 127. 100 通信。

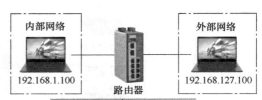

图 6-10　静态 NAT 拓扑图

（1）建立外部网络接口

如图 6-10 所示，路由器中除了默认网段外，还需要连接一个 192. 168. 127. 0 网段。不妨设外部网络通过路由器的端口 1 连接，可以按照图 6-11 配置 VLAN，按照图 6-12 配置网络接口。

**802.1Q VLAN Settings**

**Quick Setting Panel ▼**

**VLAN ID Configuration Table**

Management VLAN ID　[1]

| Port | Type | PVID | Tagged VLAN | Untagged VLAN |
|------|------|------|-------------|---------------|
| 1 | Access ⌄ | 2 | | |
| 2 | Access ⌄ | 1 | | |
| 3 | Access ⌄ | 1 | | |
| 4 | Access ⌄ | 1 | | |
| 5 | Access ⌄ | 1 | | |
| 6 | Access ⌄ | 1 | | |
| 7 | Access ⌄ | 1 | | |
| 8 | Access ⌄ | 1 | | |
| G1 | Access ⌄ | 1 | | |
| G2 | Access ⌄ | 1 | | |

**Apply**

图 6-11　VLAN 配置

图 6-12　网络接口配置

（2）建立静态 NAT

由于本次采用静态 NAT，所以只需要定义好内部本地地址和内部全局地址的映射关系即可。需要在 Global IP 中输入需求的全局地址 192.168.127.200，在 Local IP 中输入对应的内部本地地址 192.168.1.100，如图 6-13 所示。

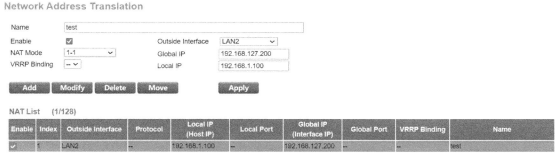

图 6-13　NAT 配置

### 2. NAPT 配置

NAPT 允许路由器为许多内部本地地址使用一个内部全局地址，从而节省了内部全局地址，使得公网 IPv4 地址利用效率大大提高。配置完毕此类转换后，路由器中将会保存相关高层协议信息（如 TCP、UDP 端口号）用于保证内部全局地址与内部本地地址的正确转换。如图 6-14 所示，内部网络中 192.168.1.1~192.168.1.3 的设备需要使用同一个内部全局 IP 地址 192.168.2.254 与外部网络中的 192.168.2.100 通信。

（1）定义内部网络接口

不妨设内部网络通过路由器的端口 3~5 连接路由器，所以此时路由器的端口 3~5 对

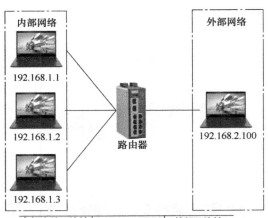

图 6-14　NAPT 示例拓扑示意图

应到同一个 VLAN 和同一个网络接口。首先为路由器的端口 3~5 分配 VLAN，如图 6-15 所示。

**802.1Q VLAN Settings**

Quick Setting Panel ▼

VLAN ID Configuration Table

Management VLAN ID　　1

| Port | Type | PVID | Tagged VLAN | Untagged VLAN |
| --- | --- | --- | --- | --- |
| 1 | Access ⌄ | 1 | | |
| 2 | Access ⌄ | 1 | | |
| 3 | Access ⌄ | 10 | | |
| 4 | Access ⌄ | 10 | | |
| 5 | Access ⌄ | 10 | | |
| 6 | Access ⌄ | 1 | | |
| 7 | Access ⌄ | 1 | | |
| 8 | Access ⌄ | 1 | | |
| G1 | Access ⌄ | 1 | | |
| G2 | Access ⌄ | 1 | | |

Apply

图 6-15　定义内部网络 VLAN

　　然后可以为端口 3~5 分配内部网络所对应的 192.168.1.0 网段的网络接口，如图 6-16 所示。

　　（2）定义外部网络接口

　　不妨设内部网络通过路由器的端口 2 连接路由器。首先为路由器的端口 2 分配 VLAN，如图 6-17 所示。

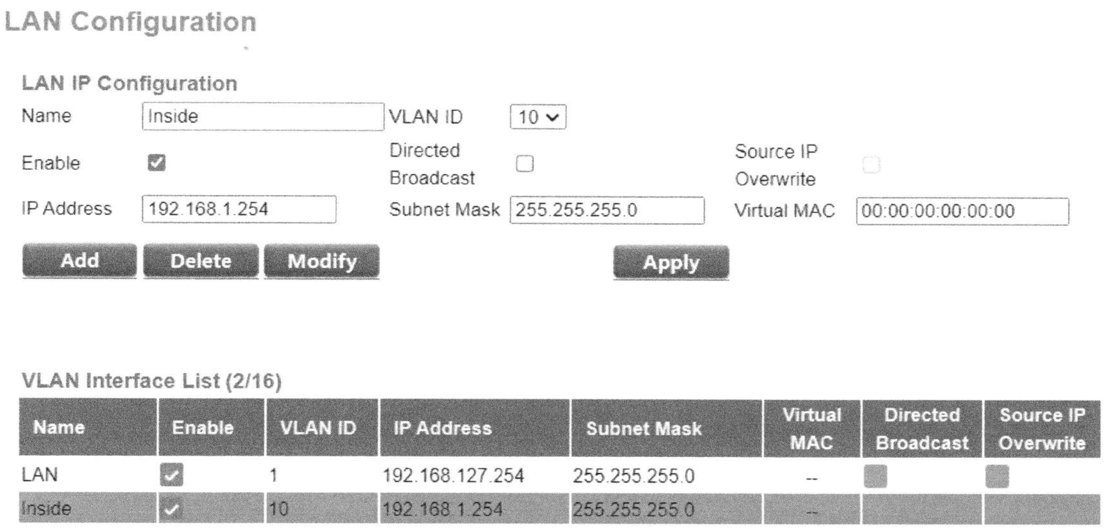

## LAN Configuration

**LAN IP Configuration**

| | | | |
|---|---|---|---|
| Name | Inside | VLAN ID | 10 ▾ |
| Enable | ☑ | Directed Broadcast | ☐ | Source IP Overwrite | ☐ |
| IP Address | 192.168.1.254 | Subnet Mask | 255.255.255.0 | Virtual MAC | 00:00:00:00:00:00 |

**Add**　**Delete**　**Modify**　　　　　**Apply**

**VLAN Interface List (2/16)**

| Name | Enable | VLAN ID | IP Address | Subnet Mask | Virtual MAC | Directed Broadcast | Source IP Overwrite |
|---|---|---|---|---|---|---|---|
| LAN | ☑ | 1 | 192.168.127.254 | 255.255.255.0 | -- | ☐ | ☐ |
| Inside | ☑ | 10 | 192.168.1.254 | 255.255.255.0 | -- | | |

图 6-16　定义内部网络接口

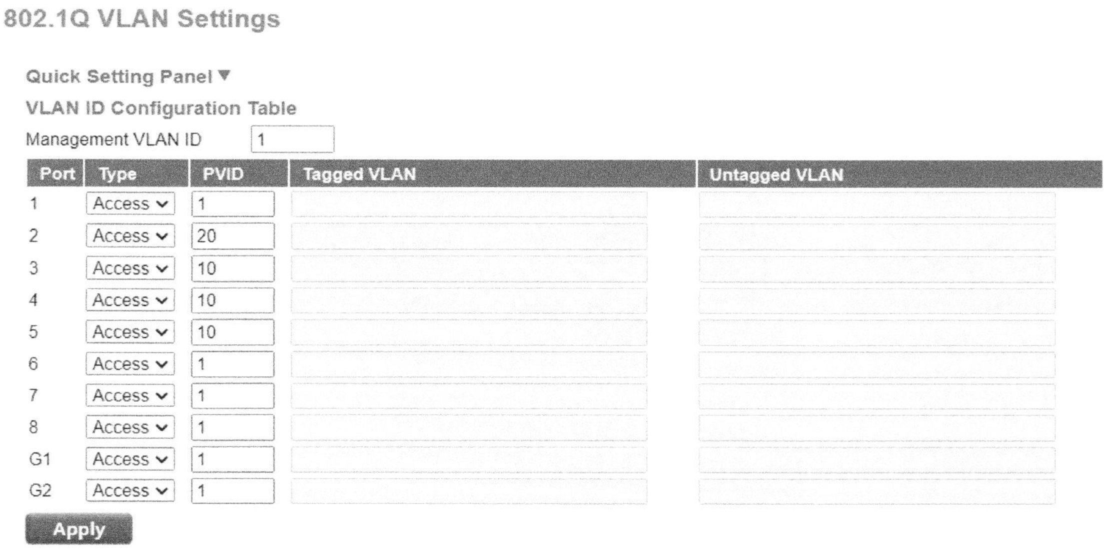

## 802.1Q VLAN Settings

**Quick Setting Panel ▾**

**VLAN ID Configuration Table**

Management VLAN ID　1

| Port | Type | PVID | Tagged VLAN | Untagged VLAN |
|---|---|---|---|---|
| 1 | Access ▾ | 1 | | |
| 2 | Access ▾ | 20 | | |
| 3 | Access ▾ | 10 | | |
| 4 | Access ▾ | 10 | | |
| 5 | Access ▾ | 10 | | |
| 6 | Access ▾ | 1 | | |
| 7 | Access ▾ | 1 | | |
| 8 | Access ▾ | 1 | | |
| G1 | Access ▾ | 1 | | |
| G2 | Access ▾ | 1 | | |

**Apply**

图 6-17　定义外部网络 VLAN

　　然后可以为端口 2 配外部网络所对应的 192.168.2.0 网段的网络接口，如图 6-18 所示。

　　(3) 定义 NAPT

　　由于本次采用 NPAT，所以需要定义好内部本地地址范围和内部全局地址，从而将多个内部地址映射到一个全局地址上。需要在 Local IP 中输入对应的内部本地地址范围 192.168.1.1~192.168.1.3，如图 6-19 所示。

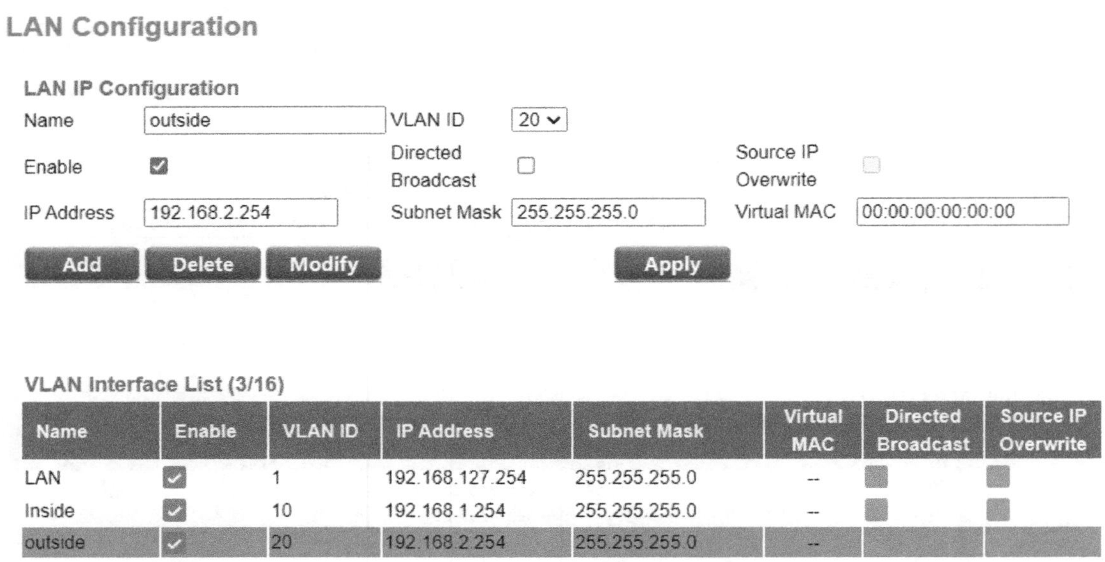

图 6-18　定义外部网络接口

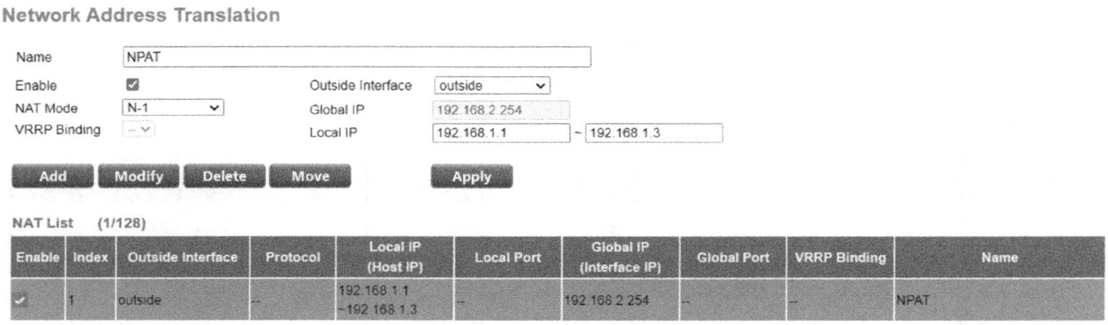

图 6-19　定义 NPAT

## 6.3　虚拟专用网络

### 6.3.1　虚拟专用网络工作原理

**1. 概述**

虚拟专用网络（Virtual Private Network，VPN）技术是随着企业和组织信息化的浪潮而来的。在早期，计算机还比较昂贵，一般只有企业中的核心部门会配备。从提升办公效率、信息安全和节省成本等方面考虑，企业一般会将公司内部的计算机配置为公司内的私网 IP 而不直接接入因特网，申请少数几个公网 IP 与因特网连接，如图 6-20 所示。

随着计算机网络的发展、经济全球化和计算机价格的下降，越来越多的企业开始在全国，甚至全球建立分支机构，计算机在企业内部也普遍应用，如何把每个分支机构以及总部内部的内网安全、高效地相互连接变为一个急迫的问题。最初为了解决这一问题，电信运营商采用的是租赁线路（Leased Line）的解决方案，如图 6-21 所示。值得注意的是，这一方案与 VPN 仅仅是在功能上类似，但是原理上会有很大不同。这种方式等于提供了一条专门的二层链路，故而有成本高、建设时间长、远距离建设困难以及线路利用率低等问题。

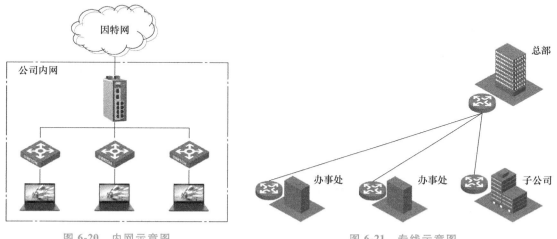

图 6-20　内网示意图　　　　　　　　　　　　　图 6-21　专线示意图

到了便携式个人计算机普及的时候，原有的专线模式面临无法解决的困难，即在外移动办公的员工如何有效安全地访问企业内网。此时需要有一种安全、便捷的方式来满足这一需求，这就是 VPN 技术，如图 6-22 所示。这一技术有以下两个特性：

1）通过因特网进行通信，使得这技术的使用成本大大降低的同时还极大地提升了使用便捷性。

2）虽然是通过因特网进行通信，但是在其过程中会采用多种安全保密技术（即"隧道技术"），从而保证通信的安全性。

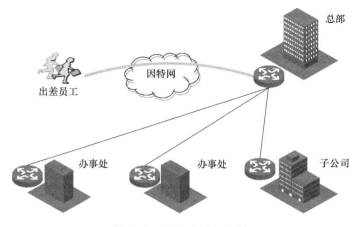

图 6-22　VPN 连接示意图

**2. VPN 关键技术**

VPN 是一种通过因特网提供安全、方便连接的技术，其关键技术原理主要包括隧道、加密、身份认证三个方面。通过隧道建立安全的通信路径，通过加密将传输的数据变为密码，通过身份认证防止未授权用户访问。

（1）隧道技术

隧道（Tunneling）是利用一种网络协议来传输另一种网络协议的技术，使得数据在被封装后才会进行传输从而防止数据被窃取或篡改。从所使用的技术上可以将隧道协议分为两类。

1）二层隧道协议（L2TP）：该类协议主要工作在 OSI 参考模型的第二层即数据链路层中，故而被称为二层隧道协议。一般被用于构建远程访问虚拟专网（Access VPN），例如 PPTP VPN 中的 PPTP（点到点隧道协议）、L2TP VPN 中的 L2TP 等。这些协议都属于较为早期的 VPN 协议，它们将用户的 PPP 帧基于 GRE（通用路由封装）为 IP 报文但是不会对 PPP 做修改。这使得这些协议具有了简单易行的优点，但是它们无法提供相关的安全机制，包括隧道加密以及密钥管理机制，因此没有 Extranet（外联网）的概念。这使得用户需要在连接前手动建立加密信道，认证和加密受到限制，安全程度较差。

2）三层隧道协议：该类协议工作在 OSI 参考模型的第三层即网络层中，故而被称为三层隧道协议。一般被用于构建企业内部虚拟专网（Intranet VPN）与扩展的企业内部虚拟专网（Extranet VPN），例如 IPSec VPN 中的 IPSec（IP 安全协议）、GRE VPN 中的 GRE 协议等。

上述协议都是在因特网上进行私密数据传输的方式，区别只是在于用户协议在 OSI 参考模型的第几层被封装，这些协议间并不是互相冲突的，而是可以联合使用的。在传输过程中通过隧道协议中的路由信息使得封装后的数据可以通过 IP 网络传输，在到达目的地后隧道协议头与原始协议数据包才会分离。此时数据包就成功传输到目的地，隧道协议头也完成了它的使命。

（2）常用加密技术

由于 VPN 技术的数据传输仍然是依赖于因特网进行的，故而会存在一定的数据被盗取的风险。如果不对传输的数据进行加密而采用明文传输的话，一旦数据被截取，数据里面的信息就会被截获泄露。

为了保证传输信息安全，会采取类似于特工传递情报时的操作，把原本的信息通过一定的手段加密转化为特定的格式，只有掌握特定的解密方式才可以将原本的信息还原。VPN 在传输时也会对传输的数据进行一定的加密，在实际应用中就是先通过一定的加密算法对明文进行加密得到密文，然后在通过因特网传输密文，目的地收到密文后根据解密算法和密钥进行解密从而得到原本的明文，如图 6-23 所示。这样黑客即使在因特网中截获了我们传输的数据也只是加密后的密文，没有对应的解密算法和密钥是无法还原为明文的。

VPN 中涉及的加密技术按照机制可以分为两类，分别为对称加密和非对称加密。

1）对称加密。对称加密即发送方和接收方所使用的加密密钥和解密密钥完全相同。其大致流程可以分为两步，第一步为发送方使用密钥和算法对明文加密，第二步为接收方使用

图 6-23　加密示意图

对应的算法和密钥进行解密还原得到明文。常用的对称加密算法有 DES（数据加密标准）、3DES（三重数据加密算法）、AES（高级加密标准）等。

这类算法步骤少、原理简单，具有算法简单、效率高、计算资源需求少等优点，适用于性能要求较为严格的场景。但是由于该类加密机制要求双方在通信前相互确定使用的密钥，一旦该密钥被截取，则后续所有的密文都可以被解密，故而安全性较差。由于同样的原因导致其扩展性较差，因为每次建立一个新的通信对象都需要重新进行一次密钥协商，若是有 $n$ 个用户需要相互通信，则需要协商 $n(n-1)/2$ 次。随着用户的增多，管理和协商密钥都会变得十分复杂。但若是复用密钥的话，又会导致其泄露概率上升，安全性下降，得不偿失。

2）非对称加密。非对称加密又称为公钥加密，它正是为了解决对称加密中安全性较差的问题而出现的。非对称加密中发送方和接收方采用不同的加密密钥和解密密钥，其中较为主要的算法有 RSA 算法、DSA（数字签名算法）、ECDSA（椭圆曲线数字签名算法）等，其中 RSA 是应用最为广泛的算法。

在非对称加密中，加密时使用的密钥称为公钥，解密时所使用的密钥称为私钥。其中公钥是公开的，发送方可以获取到并用来进行加密；私钥是不公开的，为数据接收方所持有并用于解密。其大致流程也是两步，第一步发送方获取公钥加密后传输，第二步接收方收到密文后用私钥解密，如图 6-24 所示。

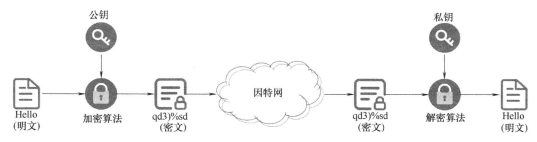

图 6-24　非对称加密示意图

非对称加密由于其加密和解密所使用的是不同密钥，在通信时只需要把公钥告知对方即可，接收方通过私钥即可完成解密，从而具有更强的安全性。但是非对称加密的算法较为复杂，导致其计算资源要求较高，同时加密完成的密文长度较长，也增大了传输成本。故而非对称加密算法一般用于较为机密的信息，如金融服务中的身份认证、登录信息等。

（3）身份认证技术

为了保护通信安全，在 VPN 建立前要求进行用户身份验证，保证只有合法授权的用户可以访问相关网络。在一些使用了 PPP 的二层 VPN 方案中会采用 PAP（Password Authentication Protocol，密码认证协议）或 CHAP（Challenge Handshake Authentication Protocol，质询握手认证协议）进行用户身份认证，如 PPTP VPN 和 L2TP VPN。

在一些采取了身份认证秘钥的三层 VPN 方案中就会涉及相关的算法，如 MD5、SHA1、SHA2、SM3 这些算法。由于这些算法属于哈希、摘要、杂凑算法，所以需要用到相关的函数，如哈希（Hash）函数、消息摘要函数、杂凑函数、单向散列函数等。在实际应用中首先将消息输入函数得到一个固定长度的输出数据，然后将消息和输出数据一同发送给接收方。接收方使用相同的函数对消息进行运算并检查其结果是否与接收到的和消息一起的输出数据是否一致，一致则代表消息完整合法，否则代表该消息被篡改不可用。

## 6.3.2 IPSec VPN

### 1. IPSec VPN 简介

IPSec（Internet Protocol Security，互联网安全协议）不是某一个单一协议，而是一个由国际互联网工程任务组（Internet Engineering Task Fore，IETF）提出的旨在为网络提供安全性的协议族。

IPSec VPN 指的是采用 IPSec 实现远程接入的一种 VPN 技术。该技术主要工作在 OSI 参考模型的网络层，并在该层对数据包进行加密和验证。采用该技术的通信双方在公网上通过 IPSec 建立 IPSec 隧道，所有通信数据在经过 IPSec 隧道时都会进行加密传输，从而提升通信安全性。

### 2. IPSec VPN 协议体系

IPSec VPN 协议体系主要由 AH（Authentication Header，认证头）、ESP（Encapsulating Security Payload，封装安全载荷）、IKE（Internet Key Exchange，因特网密钥交换）三个协议套件组成，如图 6-25 所示。

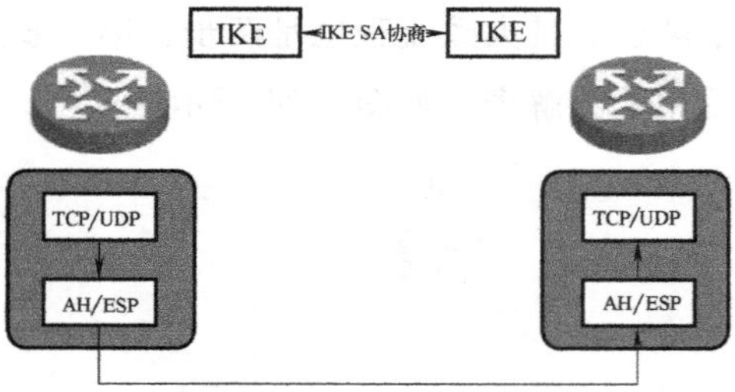

图 6-25　IPSec 体系

（1）AH 协议

AH 协议可以对相关 IP 报文进行数据源认证、完整性校验和防报文重放检查，从而保证传输的 IP 报文来源的可信和数据的完整性。AH 协议在每个数据包的标准 IP 报文头和负载之间添加一个包含了相关重要信息的 AH 报文头，通过这些相关信息 AH 协议可以验证数据包是否被篡改。需要注意的是，AH 协议没有加密功能。

（2）ESP 协议

ESP 协议在 AH 协议的功能基础（其数据完整性校验不包含 IP 头）上增加了 IP 报文的加密功能。ESP 协议的实现方式和 AH 协议类似，也是在每一个数据包的标准 IP 报头后方添加一个 ESP 报文头，但是 ESP 协议还会在数据包后方添加一个 ESP 尾（ESP Trailer 和 ESP Auth data）。

（3）IKE 协议

该协议的主要功能是 SA（安全关联）协商和密钥管理。目前 IKE 协议有两个版本，分别为 IKEv1 与 IKEv2，后者相比于前者进行了许多优化，包括修复了部分漏洞提高了安全性，简化协商过程提高效率等。

**3. IPSec 封装模式**

封装模式指的是在对报文的认证和加密时如何将 AH 或 ESP 的字段插入原始报文中。在 IPSec 中存在两种封装模式，分别是隧道模式和传输模式。

（1）隧道模式

在隧道模式中，会将原数据包和 IP 报头进行封装和加密，然后在前面加上 IPSec 的报文头并另外生成一个新的 IP 头封装到最前面，如图 6-26 所示。

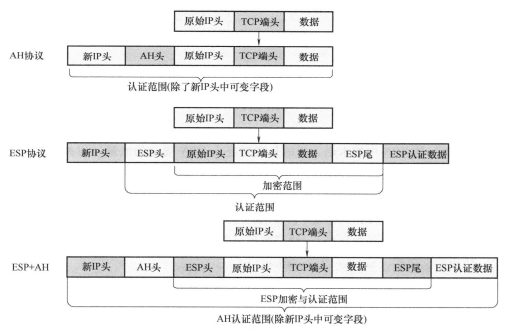

图 6-26 TCP 报文隧道模式

此时封装后的报文有两个 IP 头，其中新添加的 IP 头中以本端 IPSec 设备应用 IPSec 策略的接口 IP 地址为源 IP 地址，以对端 IPSec 设备应用 IPSec 策略的接口 IP 地址为目的 IP 地址，从而使数据可以从本端设备传输到对端设备。

（2）传输模式

在传输模式中，会将新生成的相关协议头放在原 IP 头后面，如图 6-27 所示。在此模式下，只有传输层的数据会参与相关安全协议头的计算，因此只有相关的上层协议收到安全协议的保护。

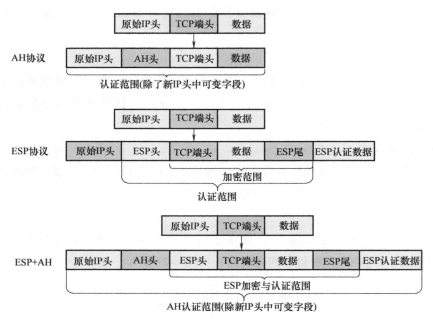

图 6-27　TCP 报文传输模式

#### 4. IPSec VPN 原理

IPSec 的工作原理大致可以分为以下四个阶段：

（1）识别"感兴趣流"

"感兴趣流"是 VPN 中的术语，指的是需要进入 VPN 隧道的流量。相关网络设备接收到网络报文之后需要依据报文中的五元组信息与 IPSec 策略相匹配，从而筛选出需要进入 IPSec 隧道的报文。这里的五元组信息指的是：源 IP 地址（发起连接设备的 IP 地址）、目的 IP 地址（接收连接设备的 IP 地址）、源端口号（发起连接设备使用的端口号）、目的端口号（接收连接设备使用的端口号）、协议类型（TCP、UDP、ICMP 等）。

（2）协商安全关联（Security Association，SA）

通信双方为了保证数据传输的安全，在建立通信前需要对相关要素进行约定，如数据传输所用的封装模式、使用的安全协议、协议采用的加密和验证算法等，这一过程就是 SA。

SA 协商一般是由识别出感兴趣流之后的本端网络设备向对端发出的，在这一过程中通信双方首先需要通过 IKE 协议先协商建立 IKE SA（用于身份验证和密钥信息交换），然后再建立 IPsec SA（用于数据安全传输）。

（3）数据传输

在上文所述的 SA 协商完毕后，通信双方已经建立了 IKE SA 与 IPSec SA，此时就可以使用 IPSec 隧道传输数据了。在传输数据的过程中，会使用 AH 或 ESP 协议来对数据进行加密和验证，通过加密保证数据不被窃取，通过验证保证数据不被篡改，从而提升了安全性。

（4）隧道拆除

为了节省系统资源，在通信双方的隧道空闲一定时间后，会默认数据交换已经完成，自动关闭隧道。

**5. IPSec 样例**

现两个公司子网之间希望可以相互访问并对通信进行保护，如图 6-28 所示。具体要求如下：

1）要求采用 IPSec VPN 并且封装模式为隧道模式。

2）认证方式为预共享密钥的方式，密钥为 12345678。

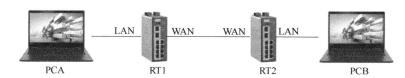

| | PCA | RT1_LAN | RT1_WAN | PCB | RT2_LAN | RT2_WAN |
|---|---|---|---|---|---|---|
| IP | 192.168.127.17 | 192.168.127.254 | 10.10.10.1 | 192.168.128.17 | 192.168.128.254 | 10.10.10.2 |
| Subnet | 255.255.255.0 | 255.255.255.0 | 255.255.255.0 | 255.255.255.0 | 255.255.255.0 | 255.255.255.0 |
| GW | 192.168.127.254 | | | 192.168.127.254 | | |

图 6-28　IPSec VPN 样例

以 EDR-810 路由器为例，在路由器的配置界面的 VPN→IPSec→IPSec Settings 中可以找到 IPSec VPN 相关的配置，可以按照要求设置隧道模式、预共享密钥、加密方式，如图 6-29 所示。

**IPSec Setting**

Setting ○ **Quick Setting** ● **Advanced Setting**

**Tunnel Setting**

Enable ☑　Name `TEST`　　L2TP tunnel ☑

VPN Connection Type `Site to Site(Any) ▾`　Remote VPN Gateway `0.0.0.0`

Startup Mode `Wait for connecting ▾`

**Key Exchange (Phase 1)**

IKE Mode `Main ▾`

Authentication Mode `Pre-shared Key ▾`　`12345678`

Encryption Algorithm `3DES ▾`　Hash Algorithm `SHA-1 ▾`

DH Group `DH 2 (modp1024) ▾`

Negotiation Times `0` (0:forever)　IKE Life Time `1` hour.

Rekey Expire Time `9` Min　Rekey Fuzz Percent `100` %

**Data Exchange (Phase 2)**

SA Life Time `480` Min　Perfect Forward Secrecy ☐ `DH 1 (modp768) ▾`

Encryption Algorithm `3DES ▾`　Hash Algorithm `MD5 ▾`

**Dead Peer Detection**

Action `Clear ▾`　Retry Interval `30` seconds　Confidence Interval `120` seconds

**Add**　**Delete**　**Modify**　　**Apply**

图 6-29　IPSec VPN 设置

## 6.4 生产系统网络安全应用实验

### 6.4.1 实验目的

1）掌握基于 MOXA 设备的路由配置方法。

2）掌握基于 MOXA 设备的防火墙配置方法。

实验

### 6.4.2 实验相关知识点

1）基于 MOXA 设备的路由配置。

2）基于 MOXA 设备的防火墙配置。

### 6.4.3 实验任务说明

随着工站的增多，将所有生产线和服务器划分至一个子网中的方式逐渐不能满足日益增多的设备并会带来诸多运维问题。现在希望对 5.6.3 节的网络进行升级改造，将工站外的交换机替换为 EDR810A 路由器来连接所有工站和服务器，如图 6-30 所示。

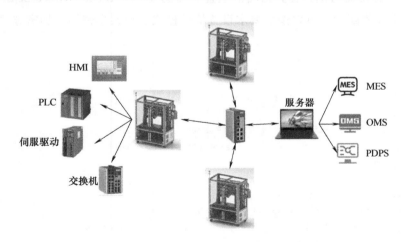

图 6-30　升级示意图

下面要求对一台工站与路由器的设计给出方案。其中，将 PLC、V90、HMI 称为生产设备，交换机路由器称为网络设备，IP 地址要求见表 6-2。其余要求如下：

1）为了方便生产的扩展，现在要求每条生产线中所有的生产设备、网络设备、服务器要属于不同的子网且可以相互连通。

2）为了保障生产线数据安全以及 IoT 数据采集的需求，要求 IT 系统网络禁止 ping、HTTP 之外的协议访问 PLC、HMI、V90 等设备。

表 6-2　网络设备及 IP 地址

| 设备名称 | IP 地址 | 网关地址 |
|---|---|---|
| PLC | 192. 168. 2. 100/24 | 192. 168. 2. 254 |
| V90 | 192. 168. 2. 101/24 | 192. 168. 2. 254 |
| HMI | 192. 168. 2. 105/24 | 192. 168. 2. 254 |
| 服务器 | 192. 168. 1. 100/24 | 192. 168. 1. 254 |
| SW1 | 192. 168. 127. 253/24 | 192. 168. 127. 254 |
| RT1 | 192. 168. 127. 254/24 | 192. 168. 127. 254 |

## 6.4.4　实验设备

实验设备见表 6-3。

表 6-3　实验设备

| 硬件/软件/辅助工具名称 | 型号/版本 | 数量 | 单位 |
|---|---|---|---|
| 交换机 | EDS-510A | 1 | 台 |
| 智能仓储工站 | XPET-S1-WH1 | 1 | 台 |
| 计算机 | 民用计算机 | 2 | 台 |
| 路由器 | EDR-810A | 1 | 台 |

## 6.4.5　实验原理

通过路由器的路由功能，可以使得各个子网间的设备相互通信，通过网络设备的防火墙功能可以精准保护设备免受非法访问。

## 6.4.6　实验步骤

**1. 准备工作**

由需求得，本次任务要将 5.6 节中的 SW2 替换为一台 EDR-810A 的路由器，故可得其拓扑如图 6-31 所示。

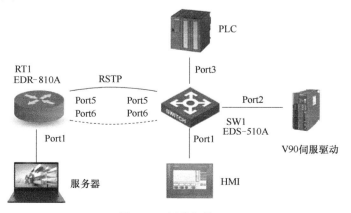

图 6-31　网络拓扑图

表 6-2 将所有设备分为三个网段，分别是 192.168.2.0/24、192.168.1.0/24、192.168.127.0/24。为每个网段分配一个 VLAN，具体对应关系见表 6-4。

表 6-4　VLAN 划分

| VLAN 号 | 所属设备 | 网段 |
|---|---|---|
| 3 | 服务器 | 192.168.1.0/24 |
| 2 | PLC、HMI、V90 伺服驱动 | 192.168.2.0/24 |
| 1 | SW1、RT1 | 192.168.127.0/24 |

### 2. SW1 配置

首先用一台计算机（称为 PC1）修改 IP 为 192.168.127.100，连接 SW1 的端口 7 并进入 SW1 配置界面，按照表 6-4 进行 VLAN 划分，然后在 5、6 端口开启 RSTP 并按照表 6-4 修改 SW1 的 IP 配置。

### 3. RT1 配置

将 PC1 连接至 RT1 的端口 7，并在浏览器访问 http://192.168.127.254，进入登录界面，输入账号 admin，密码 moxa。按照表 6-4 为 RT1 的各个端口分配 VLAN。

按照需求中的三个网段需要通过 RT1 连通，则在 RT1 中分配对应的网络接口。接着按照拓扑图需要为 RT1 在 5、6 端口开启 RSTP 协议，如图 6-32 所示。

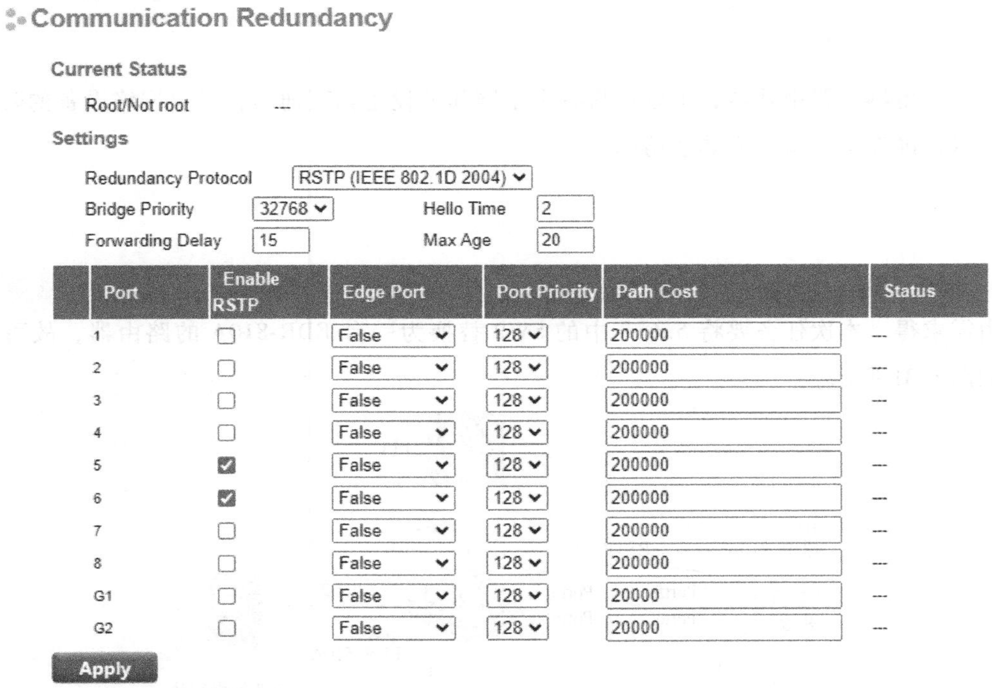

图 6-32　RT1 开启 RSTP

配置完毕后，将 PC1 的 IP 改为服务器 IP 进行网络连通（192.168.1.100/24），网关（192.168.1.254）连接至 RT1 的端口 1。将 RT1 的端口 5、6 与 SW1 的端口 5、6 按拓扑图连接。连接完毕后，PC1 可以 ping 通 SW1（为了避免误转发，PC1 此时应禁用其余网络适配器），此时要求 1）完成。

将另一台计算机 IP 改为 192.168.2.100/24，默认网关 192.168.2.254 接入 SW1 用于模拟 PLC。然后在 PC1、PC2 上安装合适的 TCP 测试工具（开启 TCP 客户端和服务端即可，本文以网络调试助手为例）。在 PC1 上开启客户端 443 端口、PC2 上开启服务端 443 端口，如图 6-33 所示，此时 PC1 上客户端可以连接 PC2。同理，测试 80 端口也可以访问。说明此时 PC1 可以通过 HTTP 和 HTTPS 访问 PC2。

图 6-33  协议测试

为了实现要求 2）中的网络安全要求，需要对 RT1 防火墙进行配置。要求允许从 192.168.1.0 到 192.168.2.0 数据包中协议为 ICMP、HTTP（TCP）、HTTP（UDP）的数据包通过；禁止所有从 192.168.1.0 到 192.168.2.0 的数据包，从而保证只有 ICMP、HTTP（TCP）、HTTP（UDP）的数据包可以从 192.168.1.0 到 192.168.2.0。配置完毕后，通过工具再次测试，发现此时 80 端口可以连接，443 端口不再可以连接，如图 6-34 所示，至此所有要求完成。

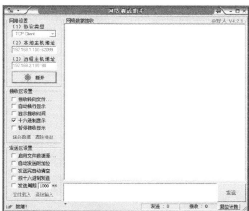

图 6-34  防火墙测试结果

## 6.4.7 实验练习题

防火墙的配置中哪几条策略的顺序可以调换，哪几条不可以，为什么？

### 习 题

1. 防火墙可以依据哪些条件进行过滤？
2. 包过滤型防火墙原理上是基于 OSI 参考模型的第几层进行分析的技术？
3. 静态 NAT 可以缓解 IPv4 地址耗尽的问题么？
4. 简述动态 NAT 与静态 NAT 的异同。
5. NAT 技术是否可以用于保护私网网络防止外部对内部服务器的攻击，为什么？
6. NAT 技术是否只能用于将私网地址转化为公网地址？
7. NPAT 主要是依据 OSI 参考模型中哪两层的信息进行实现的？
8. VPN 系统中的三种典型技术分别是什么？
9. 非对称加密与对称加密相比，优点有哪些？

科学家科学史

"两弹一星"功勋科学家：钱学森

# 第 7 章

# 生产系统与工业物联网

PPT 课件

## 7.1 工业物联网技术概述

物联网（Internet of Things，IoT）又称传感网，简要讲就是互联网从人向物的延伸。其目的是让所有的物品都与网络连接在一起，方便识别和管理。

物联网是一种新型的信息技术系统，它将物理世界中的实体对象与互联网连接起来，赋予智能化的能力。这一概念起源于 20 世纪 90 年代，曾被称为继计算机、互联网之后，世界信息产业发展的第三次浪潮。随着微电子、云计算、大数据等技术的发展，物联网已广泛应用于工业生产、智慧城市、智能家居等多个领域。其核心在于通过嵌入式传感器、无线通信技术以及云计算平台，实现设备间的互连互通，收集、处理和分析海量数据，以提升效率、优化决策和改善生活质量。

随着工业化进程的加速和数字化转型的推进，传统工业生产正逐渐向智能制造和智能工厂转变。工业 4.0 概念的提出，强调了设备、系统和人员之间的高度互连，这使得物联网技术在工业生产中的应用日益广泛。工业环境的特点包括高精度、实时性要求、复杂设备网络以及对数据安全的高度重视。在此背景下，物联网设备如传感器、执行器和控制器在监控设备状态、优化生产流程、预防设备故障等方面发挥着关键作用。然而，如何有效集成物理层与数据链路层，实现设备间无缝通信和高效数据处理，成为当前工业生产领域亟待解决的问题。

在需求的大背景下，工业物联网应运而生，它是传统工业互联网从内涵到概念的全面扩充。它的出现源于对生产效率提升、资源优化利用、成本降低以及环境可持续性的追求。工业物联网（Industrial Internet of Things，IIoT）是互联网技术与传统工业生产深度融合的产物。它通过将物理设备、传感器、软件和网络连接起来，实现设备间的实时通信与数据共享。IIoT 的核心在于设备的智能化，使其能够自主收集、处理和分析数据，从而提升生产效率，优化资源管理，减少停机时间和成本。这一概念涵盖了从设备层面上的自动化，到网络层面上的数据传输，再到云计算和人工智能在决策支持中的应用，构建了一个全新的工业生态系统。随着 5G、云计算、大数据等技术的发展，工业物联网正在重塑制造业的面貌，与工业 4.0 时代深度融合。

在工业物联网中，物理层作为通信链路的基础，对于整个系统的性能和可靠性起着至关重要的作用。它可以通过射频识别、红外感应器、全球定位系统、激光扫描器以及其他无线通信类技术，按约定的协议，把任何物品与互联网相连接，进行信息交换和通信，以实现对物品的智能化识别、定位、跟踪、监控和管理的网络。

## 7.2 工业物联网物理层构建关键技术

### 7.2.1 工业物联网中的无线通信技术

在工业物联网（IIoT）中，有线通信方式具有信号不受电磁干扰、数据传输质量稳定、延迟较低、传输速度快、安全性好等诸多特点，但随着应用场景与技术要求的多层次需求需要更好满足，有线网络的缺陷日益凸显，范围有限、成本较高、不便移动、易受物理损坏等诸多缺点是无法克服的。无线通信具有灵活性高、可以自由移动、安装方便不需要布线、可扩展性强的特点，可适应动态变化的网络需求，因此无线通信技术起着越来越重要的作用。技术的进步和迭代，使得无线网络允许设备之间、设备与云端以及云端与用户之间进行远距离、实时的通信。以下介绍一些在 IIoT 中应用的主流无线通信技术。

**1. 蓝牙技术**

蓝牙技术的诞生以短距离数据传输为目的，目前在工业物联网领域应用广泛，可实现设备无线连接和监测，提高生产效率，包括设备连接和数据传输、工业自动化、智能制造及物流管理等方面。蓝牙物联网为工业领域带来很多便利和效益，亦可保障安全性和隐私性。

在工业领域，蓝牙技术可以用于实现自动化生产线和设备的无线连接和监测。通过蓝牙技术，工程师可以实时监测设备的运行状态和工作数据，及时发现和处理故障，提高生产效率和质量控制。此外，蓝牙还可以用于实现设备的远程升级和维护等功能。

蓝牙是无线个域网的代表，它有一套自己的完整协议框架，除了物理层、数据链路层和应用层，还包括 L2CAP（逻辑链路控制和适配协议）、GAP（通用访问配置文件）等蓝牙特有的协议。蓝牙协议框架如图 7-1 所示，其中，BLE（蓝牙

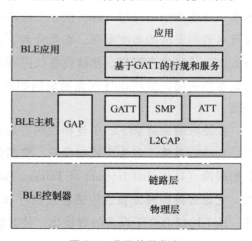

图 7-1 蓝牙协议框架

低功耗）控制器负责定义射频、基带等偏硬件的规范，并抽象出逻辑通信链路；BLE 主机负责在逻辑链路的基础上进行更为友好的封装，屏蔽 BLE 技术细节，让 BLE 应用调用更为方便。GATT（通用属性协议）是一种在蓝牙协议栈中的应用层协议。GATT 定义了服务和特征的概念，它们是蓝牙设备之间进行数据交换的基本单元。ATT（属性协议）是 GATT 下层的数据交互协议。ATT 定义了属性的概念，属性是 BLE 数据的基本单元，可以是服务、特征或特征描述符。

如果在个域网范围内通信，蓝牙节点之间可基于 BLE 协议实现通信；如果需要将数据连接到互联网，则需要通过网关来实现。网关硬件部分的配置可以是"BLE+以太网""BLE+Wi-Fi"或者"BLE+4G"，网关向下接收 BLE 报文，向上通过以太网、Wi-Fi 或 4G 将采集的数据上报给后台，网关作为数据的统一出口。蓝牙技术在工业物联网的应用具体体现在许多方面：

1）设备连接和数据传输：蓝牙技术可以用于连接各种工业设备和传感器，实现数据的无线传输和实时监测。例如，通过蓝牙技术可以将传感器测量的数据传输到云端，实现数据的远程监控和分析。此外，蓝牙技术还可以用于实现设备之间的协同工作和信息交互，提高生产效率。

2）工业自动化：蓝牙技术可以用于实现工业自动化生产线和设备的监测和管理。通过蓝牙技术，工程师可以实时监测设备的运行状态和工作数据，及时发现和处理故障，提高生产效率和质量控制。此外，蓝牙技术还可以用于实现设备的远程升级和维护等功能。

3）智能制造：蓝牙技术可以用于实现智能制造过程中的数据采集、传输和分析。通过蓝牙技术，可以连接各种智能设备和系统，实现信息的交互和协同工作，提高制造过程的效率和精度。

4）物流管理：蓝牙技术可以用于实现物流管理中的数据采集和传输。通过蓝牙技术，实现定位，实时监测货物的位置和状态，提高物流管理的效率和准确性。

**2. Wi-Fi 技术**

Wi-Fi（Wireless Fidelity）是一种无线局域网（WLAN）技术，由 Wi-Fi 联盟（Wi-Fi Alliance）定义和认证。它利用无线电波在 2.4GHz 和 5GHz 频段进行数据传输，允许电子设备在没有物理线缆连接的情况下，通过无线方式进行通信和网络接入，目前在民用和商用已经大面积普及。

工业物联网中的 Wi-Fi 是指将 Wi-Fi 技术应用于工业环境，然而，由于工业环境可能涉及高温、高湿度、电磁干扰等复杂使用条件，Wi-Fi 在工业物联网中的应用需要优先考虑其性能稳定性、抗干扰能力和安全性，与民用和商用有一定区别。作为工业物联网中常用的一种无线通信技术，其在物理层中扮演着至关重要的角色，用于连接和管理工业设备、传感器、控制系统以及其他网络节点。具体功能主要体现在以下几方面：

1）设备连接：Wi-Fi 允许工业设备和传感器通过无线方式连接到网络，简化了设备部署和管理。

2）实时监控：通过 Wi-Fi，可以实时监控设备状态、生产数据和环境参数，支持远程监控和数据分析。

3）远程操作：操作人员可以通过 Wi-Fi 远程控制设备，进行维护、配置更改或调整生产参数，提高生产效率。

4）数据传输：Wi-Fi 提供高速数据传输，适合实时传输大量生产数据和视频流，支持工业自动化和远程维护。

5）工业自动化：Wi-Fi 可以作为工业自动化系统的一部分，实现设备之间的协同工作和自动化流程控制。

6）设备管理：Wi-Fi 技术可以用于设备定位、资产管理，以及远程设备更新和固件升级。

7）工业网络安全：尽管工业环境可能对网络安全有更高要求，Wi-Fi 在工业物联网中的应用也需要考虑网络安全措施，如加密和防火墙。

**3. ZigBee 技术**

ZigBee 技术是一种基于 IEEE 802.15.4 标准的低速短距离传输的无线个人区域网络协议。它主要设计用于自动控制、远程控制以及家用设备联网等领域，特别适用于需要低成本、低功耗、较低数据速率需求的应用场景。

ZigBee 技术具有许多显著的特点，如低功耗、低成本、支持大量网上节点、支持多种网上拓扑、低复杂度、快速、可靠和安全等。它的传输速率可以根据不同的频段有所不同，如在 2.4GHz、868MHz 和 915MHz 频段上，分别具有最高 250kbit/s、20kbit/s 和 40kbit/s 的传输速率。此外，ZigBee 设备采用休眠模式等低功耗技术，使得设备的使用时间可以达到几个月到两年不等。

ZigBee 技术不仅适用于家庭和小型电子设备的无线控制指令传输，在工业监控、传感器网络、家庭监控和安全系统等领域也有广泛的应用前景。由于其低功耗和高可靠性，ZigBee 技术已经成为物联网领域中的一个重要组成部分。

ZigBee 技术的结构主要包括物理层、媒体访问控制（MAC）层、网络层、应用层等。其中，物理层提供了与现实世界交互的基础服务，MAC 层负责无线数据链路的建立和维护，网络层保证了数据的传输和完整性，而应用层则根据设计目的和需求使多个器件之间进行通信。

ZigBee 组网能力非常强，按照具体功能可分为协调器、路由节点和终端节点。其中，协调器负责构建并启动 ZigBee 网络，是网络中第一个节点，也是网络中的核心节点。协调器除了配置网络标识符和信道外，还负责网络中节点地址的分配和节点绑定，一般与上位机相接。路由器通过路由转发数据，相当于子网中的协调器。当网络中节点较多，两个节点之间通信不畅时，可以通过路由器寻找新的数据传输路径。终端节点作为网络的最后一层，连接着各种传感器或设备，是整个 ZigBee 网络的感知节点和数据来源。这三种逻辑设备通过完成不同的功能形成以下三种组网拓扑结构：

（1）星形组网

星形网络结构包括协调器和终端节点，该网络类似于蜘蛛网结构。协调器是网络的核心，终端节点的数据只能由协调器获取，节点间的通信通过协调器的数据转发来实现。这种结构节点数据少，结构简单，主要用于环境监控和智能家居。ZigBee 星形组网如图 7-2 所示。

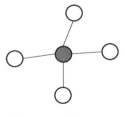

图 7-2　ZigBee 星形组网

（2）树状组网

树状网络可看为是多个星形网络组成的结构。这种结构中的协调器或路由器通过不同的传输路径与路由器和终端节点通信，所有节点只能与其父、子节点通信，父节点的数据传输可以实现其子节点的通信，即可以一层一层向上传递，到达协调器后再一层一层向下传递到目的节点，数据沿着固定的路径传输。ZigBee 树状组网如图 7-3 所示。

（3）网状组网

网状网络包含协调器、终端节点和路由器，只有协调器是唯一的。与树状网络不同，网络结构数据传输路径更加多样，当两个节点相距较远时，网状网络会选择最优路径实现节点通信。此外，当路由路径存在问题时，网状网络将重新选择路径。这种拓扑结构保证了信息传输的可靠性和稳定性，同时也使得网络维护更加复杂，消耗了更多的存储资源。ZigBee 网状组网如图 7-4 所示。

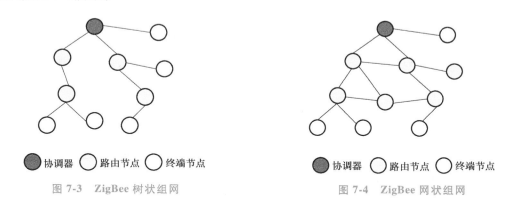

图 7-3　ZigBee 树状组网　　　　　　　　　图 7-4　ZigBee 网状组网

在工业物联网（IIoT）领域，ZigBee 技术有以下几个关键应用：

1）设备监控：ZigBee 可被用于连接各种传感器和设备，如温度、压力、湿度传感器，实时监测生产过程中的环境条件和设备状态。

2）远程控制：通过 ZigBee 网络，操作人员可以远程控制生产线上的设备，如开启或关闭机器、调整参数等。

3）预测性维护：借助 ZigBee 支持通过收集和分析设备数据，进行预测性维护，提前发现设备故障，减少停机时间。

4）设备管理：ZigBee 网络可以帮助跟踪和管理大量的工业设备，进行资产定位和资产生命周期管理。

5）自动化和优化：在工业自动化中，ZigBee 可以实现设备间的协同工作，优化生产流程，提高生产效率。

6）环境监控：在工厂环境中，ZigBee 可以用于监测空气质量、温度、湿度等，确保工作环境的舒适性和安全性。

7）物流与仓储管理：在仓库中，ZigBee 可以用于货物追踪、货架管理，以及自动化搬运设备的控制。

8）安全与报警系统：ZigBee 可以集成到安全监控系统中，如火灾报警、入侵检测等，提供及时的警报和响应。

9）能源管理：ZigBee 可用于监控工厂的能源消耗，帮助实现节能和优化能源使用。

由于 ZigBee 低功耗、低成本和易于部署的特点，使其在工业物联网中特别适合应用于那些需要大量传感器节点且对电池寿命和成本敏感的应用场合，如传感器网络，监测温度、湿度、光照等环境参数。

**4. LoRa 技术**

LoRa（Long Range）技术是一种基于扩频通信的无线通信技术。它是一种专为物联网的远距离、低功耗需求而研发的无线通信技术，能在工业环境下提供长距离、低速率的数据传输。LoRa 的优势在于其强大的穿透力、低功耗特性以及对复杂电磁环境的鲁棒性，使得它在工业物联网中扮演了重要角色。

LoRa 最初由法国 Semtech 公司开发，后来被开放给全球使用，并在 LoRa Alliance 的支持下成为一种标准化的无线通信协议。LoRa 的主要特点是通过使用多载波扩频（Chirp Spread Spectrum，CSS）技术，可以在保持低功耗的同时实现长距离、低数据速率的无线通信。它能够在复杂的环境中穿透墙壁和建筑物，提供稳定的信号覆盖，适用于工业物联网（IIoT）应用中的传感器、智能设备等设备之间的通信。在工业物联网（IIoT）应用中，LoRa 技术具有以下技术优势：

1）低功耗与长寿命：LoRa 的通信模式允许设备以极低的功耗工作，这对于电池供电的设备尤为关键，如工业传感器和执行器，能显著延长设备的使用寿命。

2）远距离通信：LoRa 信号穿透性强，能穿越建筑物和障碍物，使得在大型工厂、仓库等复杂环境中，设备间的通信距离得以显著提升。

3）大连接能力：LoRa 网络可以支持大规模设备连接，即使在设备密集的工业环境中，也能有效处理大量的设备数据传输。

4）低速率高容量：LoRa 适合发送大量的状态信息，即使数据量不大，但因为其低速率特性，仍能保证数据的完整性和可靠性。

5）抗干扰性：LoRa 的扩频技术使其对电子干扰具有较好的抵抗能力，能在工业环境中稳定工作，不受电磁干扰影响。

6）自组织网络：LoRa 网络具有自组织特性，能够自动优化通信路径，提高网络的鲁棒性和可靠性。

7）成本效益：LoRa 的硬件设备成本相对较低，部署和维护成本也比传统无线通信技术更低，有利于大规模的工业应用部署。

8）安全性和隐私保护：LoRa 提供了数据加密选项，确保工业数据的安全性和隐私，符合工业环境对信息安全的严格要求。

LoRa 通信技术具有三种工作模式，分别是 Class A、Class B 和 Class C，它们适用于不同的场合。

1）Class A（双向终端设备）：A 类通信模块可以进行双向通信，不能主动下发数据，在发送过程后跟随两个很短的下行接收时间窗，时间窗口的大小由应用和随机量决定，Class A 接收模式如图 7-5 所示，这种模式最适应物联网的功耗需求，因此也被广泛采用。

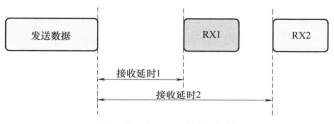

图 7-5　Class A 接收模式

2）Class B（支持下行时隙调度的双向终端）：B 类通信设备兼容 A 类，支持接收下发的信标信号来进行同步，以便进行监听下行数据。

3）Class C（最大接收时隙的双向终端设备）：这种设备只在发送数据时停止接收数据，Class C 接收模式如图 7-6 所示，适用于服务器之类下行数据较多的工作场景，这种工作模式下时延最小。

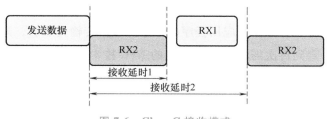

图 7-6　Class C 接收模式

在工业生产环境，一些典型应用如工厂、仓库或维修车间中，可以利用 LoRa 无线通信技术在车间环境中构建一种远程、低功耗、大范围的无线网络，实现设备之间的远程监控、数据采集、设备管理，以便更好地对其进行监控、追踪。基于 LoRa 通信的车间组网如图 7-7 所示。

通过 LoRa 车间组网，企业可以实现生产过程的智能化和自动化，降低成本，提高生产效率，同时降低能耗，符合现代工业 4.0 和智能制造的发展趋势。LoRa 技术在工业物联网中被广泛应用，成为构建低成本、高效能通信基础设施的关键组件。

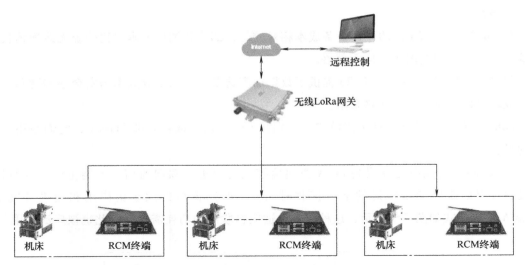

图 7-7 基于 LoRa 通信的车间组网

### 5. NFC 技术

近场通信（Near Field Communication，NFC）是一种短距离无线通信技术，它的工作原理基于电磁感应。NFC 允许两个兼容设备在非常接近的情况下（通常几厘米以内）进行数据交换，不需要直接接触，也不需要通过互联网连接。

NFC 的工作原理基于电磁感应和射频识别（RFID）技术。当两个 NFC 设备接近时，发射端（通常是一个 NFC 标签或读卡器）会发送一个激活信号，进入激活模式。接收端（另一个 NFC 设备或读卡器）检测到激活信号后，开始搜索附近的发射源。一旦找到，两者就进入了通信模式。在通信模式下，两个设备会协商通信参数，如通信速度和数据格式。然后，它们会创建一个临时的无线电频率信道，用于数据传输。数据在两个设备之间以二进制形式传输，通常是单向或双向的，取决于应用场景。数据可以是简单的文本信息，也可以是更复杂的数据包，如音频、图像或应用程序的命令。数据传输完成后，连接会被关闭，两个设备回到休眠状态，直到再次需要通信。现代的 NFC 技术通常支持加密，以保护数据在传输过程中的安全性。整个过程快速、高效，通常在几毫秒到几秒钟内完成，这使得 NFC 非常适合于需要瞬间交互的场景。NFC 应用广泛，诸如移动支付、门禁系统、文件共享、标签阅读、公交卡和交通卡等都在使用。

尽管 NFC 技术最初是为消费电子市场设计的，但它在工业物联网（IIoT）领域也有用武之地。以下是 NFC 在工业物联网中的一些典型应用：

1）设备标识与跟踪：NFC 可以用于设备的唯一标识和追踪，例如在资产管理系统中，工件或设备上安装 NFC 标签，便于快速识别和定位。

2）自动化流程：在生产线上，NFC 可以与传感器或执行器配合，实现设备之间的自动化通信，如调整参数或启动/停止操作。

3）数据采集：在质量控制环节，NFC 可以用于收集产品的相关信息，如批次号、生产日期等，简化数据输入和验证流程。

4）远程配置：技术人员可以通过 NFC 快速配置设备，减少了人工配置的时间和错误风险。

5）安全访问：在某些场合，NFC 可以作为访问控制手段，限制特定人员对特定区域的进入。

6）维护和诊断：NFC 可以用来传输设备故障信息或软件更新，帮助维修人员更快地解决问题。

然而，由于 NFC 的传输距离相对较短，不太适合需要长距离通信或大量数据传输的工业应用，但在特定的近距离、低数据量的场景下，NFC 仍然是一种实用的通信解决方案。

不同的无线通信技术有各自的优缺点，选择哪种技术取决于应用场景、数据传输需求、设备功耗、成本等因素。在实际的 IIoT 系统中，可能会采用多种技术的组合，以满足多样化的通信需求。

## 7.2.2　工业物联网中的定位技术

民用定位系统大面积采用 GPS（Global Positioning System，全球定位系统）技术，在室外道路导航方面应用较普遍。室外定位导航技术无法满足在室内的需求，一方面是因为 GPS 信号和其他信号相比虽然覆盖范围较广，但是由于建筑物隔断，卫星信号在穿过墙体时会造成严重衰减和较大的路径损耗；另一方面是因为卫星信号在室内会受到各种复杂的干扰。室内定位系统需求日益增大，研究也在不断兴起与蓬勃发展。通过定位技术使室外人员无需进入室内就可以掌握所需定位人员或者物品位置。在工业物联网（IIoT）方面利用，定位需求主要体现在以下几个方面：

1）设备跟踪：在大型工厂或仓库中，准确地知道设备的位置对于优化物流、防止资产丢失以及提高生产效率至关重要，例如，叉车、机器人或原材料搬运设备的实时位置信息。

2）资产管理：在生产线上，对工具、部件或原材料的精确定位有助于提高库存管理效率，减少寻找时间，以及确保生产过程的顺利进行。

3）人员定位：员工安全和工作效率的提升需要对人员位置进行实时监控，例如紧急情况下快速定位员工位置，或者在培训和指导中提供实时的位置指示。

4）过程监控：在一些流程中，如化学反应或加工过程，设备的位置可能会影响工艺控制，精确的定位可以帮助优化工艺参数。

5）安全与合规：许多行业，如核电、石油和天然气，有严格的法规要求对设备和人员位置进行监控，以确保安全操作和遵守规定。

6）预防性维护：通过设备位置信息，可以预测设备的维护需求，提前安排维护计划，避免因设备故障导致的生产中断。

为了满足这些定位需求，工业物联网可以采用多种技术，包括 GPS、Wi-Fi、蓝牙、

RFID、超声波、激光雷达（LiDAR）和 LoRa 等，根据具体的环境和应用需求选择最适合的定位解决方案。

概括地讲，物联网终端的定位就是利用某种技术手段，通过参考节点来获取未知终端位置信息的过程，是解决特定环境中实体定位问题（如环境监测和入侵定位）的关键技术。其中参考节点即参与定位的测量节点，可以通过配备的 GPS 获得测量节点准确的位置信息；未知终端即为需要确定位置的目标终端。近年来，国内外对物联网终端定位方面进行了大量的研究，提出了很多算法估计物联网中目标终端的位置信息。其中，一些经典的定位算法包括多重信号分类（Multiple SIgnal Classification，MUSIC）算法、卡尔曼滤波（Kalman Filtering，KF）算法和三边定位法等。这些定位方法的实现往往需要依赖测量节点与控制中心之间的相互通信。首先参与定位的各个测量节点侦测并接收来自目标终端的发送信号，然后将测量数据与自身位置信息汇聚到控制中心，由控制中心对汇聚信息进行综合处理，最后根据一定的位置解算算法得到定位的结果。

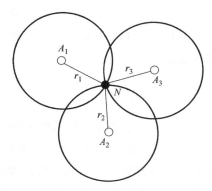

三边定位法如图 7-8 所示。从图中可看到，首先利用相关测距技术获得目标终端与三个测量节点间的距离，然后便可以通过三边测量法进行终端的位置计算。$N$ 为目标终端，$A_1$、$A_2$、$A_3$ 为测量节点，其坐标分别是 $(x_1,y_1)$、$(x_2,y_2)$、$(x_3,y_3)$，且目标终端与测量节点之间的距离分别为 $r_1$、$r_2$、$r_3$。

图 7-8　三边定位法原理图

## 7.3　工业物联网现场应用

### 7.3.1　生产系统物联网架构分析

工业物联网（IIoT）的架构通常比一般物联网更为复杂，因为它涉及的设备和环境条件更为专业和特定。以下是工业物联网架构的一些关键组成部分。

**1. 感知层**（Perception Layer）

工业物联网（IIoT）的感知层是物联网架构中的第一层，它是物联网系统与外部世界进行交互的最基础部分。感知层的主要任务是收集环境和设备的数据，这些数据通常被称为"感知数据"。感知层的数据通常以原始形式（如电压、电流、发光强度等）或经过初步处理的形式（如数字信号）发送到网络层，为后续的数据处理和分析提供基础。感知层的主要任务是采集和传递数据，为物联网的其他层级提供输入，驱动整个系统的运作，实现数据采集、环境监控、设备状态监控、身份识别、数据预处理、实时反馈、数据初始化、设备控制等方面的功能。感知层的主要功能元素见表 7-1。

表 7-1　感知层的主要功能元素

| 功能元素 | 解释说明 |
| --- | --- |
| 传感器 | 这是感知层的核心,用于监测和测量物理世界的各种参数,如温度、湿度、压力、光照、声音、振动、位置等。传感器可以是内置的,如在设备内部,也可以是附加的,如环境监测设备 |
| 执行器 | 许多物联网设备内置了微控制器,它们负责处理传感器数据并执行简单的控制任务 |
| 射频识别(RFID)设备 | 用于标识和追踪物体,通过 RFID 标签和阅读器来记录和交换信息 |
| 摄像头和图像传感器 | 在工业环境中,可以使用高分辨率摄像头和图像传感器进行质量控制、安全监控或自动化操作 |
| 环境与设备状态 | 除了物理传感器外,还包括设备的运行状态信息,如设备的开机/关机状态、工作负荷、故障警报等 |
| 嵌入式系统和微控制器 | 许多物联网设备内置了微控制器,它们负责处理传感器数据并执行简单的控制任务,无需其他更高节点干预 |

总之,物联网感知层是物联网系统的基础,它的主要任务是采集和传递数据,为物联网的其他层级提供输入,驱动整个系统的运作。

**2. 网络层**（Network Layer）

网络层在工业物联网中扮演着桥梁的角色,它确保了数据的流动和信息的顺畅传递,是实现工业自动化、生产优化和远程运维的重要支撑,旨在提供高度可靠、低延迟和安全的通信环境,以支持工业自动化、远程监控、预测性维护和生产优化等功能。网络层的组成单元见表 7-2。

表 7-2　网络层的组成单元

| 组成单元 | 功能说明 |
| --- | --- |
| 网络基础设施 | 有线网络:如工业以太网(Industrial Ethernet)、PROFINET、EtherNet/IP 等,提供工业设备之间的高速、实时通信<br>无线网络:包括 Wi-Fi、ZigBee、LoRaWAN 等,用于设备的远程接入和无线监控<br>远程 M2M/IoT 模块:如蜂窝网络(3G/4G/LTE 或 5G)、卫星通信,或是物联网专用的 LP-WAN(Low-Power Wide-Area Network)技术,如 NB-IoT、LoRaWAN,用于远距离通信 |
| 网络协议 | 工业通信协议:如 Modbus TCP、OPC UA(Open Platform Communications Unified Architecture)、MQTT 等,专为工业环境设计,确保数据的可靠性和实时性<br>标准网络协议:如 TCP/IP、UDP、HTTP/HTTPS 等,提供与外部网络的互操作性 |
| 网关和路由器 | 工业网关:连接感知层和网络层,处理数据包,可能进行数据预处理和安全控制<br>企业私有网络:用于内部设备之间的安全通信,可能部署防火墙和安全策略 |
| 数据汇聚与路由 | 将来自不同设备的数据集中并路由到适当的地方,如云端、数据中心或本地服务器 |
| 服务质量(QoS) | 确保关键数据的优先级和可靠性,保证工业控制和关键业务的实时性 |
| 网络安全 | 数据加密:保护数据在传输过程中的安全,防止未经授权的访问<br>身份验证与授权:确保只有授权用户和设备能访问网络和数据 |
| 网络管理 | 对网络设备进行管理,包括设备状态监控、性能分析和故障排查 |

**3. 边缘计算层**（Edge Computing）

边缘计算层（Edge Computing）是工业物联网（IIoT）架构中的一个重要环节,位于网络层和应用层之间。边缘计算层的设计目的是优化工业物联网的响应速度、数据安全性以及对网络带宽的使用，同时保持系统的稳定性和可靠性。它在工业自动化、远程监控和智能制造等领域发挥着重要作用。边缘计算层的核心作用是将计算和数据处理能力从云端转移到离终端设备更近的地方，以提供更快、更安全、更高效的服务。边缘计算层实现的功能单元见表 7-3。

表 7-3　边缘计算层实现的功能单元

| 实现功能 | 功能说明 |
| --- | --- |
| 数据处理与分析 | 在离数据产生地点最近的节点(如工业网关或服务器)进行初步的数据处理和分析,减少数据传输到远程中心的时间,提高响应速度 |
| 延迟优化 | 由于数据处理发生在本地,大大降低了数据往返时间和网络延迟,这对于实时性要求高的应用(如工业自动化、自动驾驶等)至关重要 |
| 数据隐私保护 | 边缘计算可以减少数据在公共网络中的传输,增强数据安全,保护敏感信息不被窃取或滥用 |
| 本地决策与控制 | 在边缘节点进行初步决策和控制,可以快速响应事件,例如设备故障或异常情况,无需等待远程服务器的响应 |
| 节省带宽 | 边缘计算可以减少对云端的频繁请求,减轻网络带宽压力,特别是对于数据量大或地理位置偏远的场景 |
| 设备管理 | 在边缘进行设备注册、配置和更新,简化网络管理,提高设备的可达性和可用性 |
| 数据融合与协同 | 边缘节点可以整合来自多个传感器或设备的数据,实现设备间的协同工作,提高整体系统效能 |
| 资源优化 | 边缘计算可以帮助优化资源分配,比如在本地进行视频流的编码和解码,减少对云端资源的依赖 |
| 服务质量保证 | 通过本地处理,边缘计算能够提供更好的服务质量,确保关键业务的实时性和可靠性 |
| 故障隔离与恢复 | 在边缘节点处理故障,可以避免故障影响整个网络,提高系统的鲁棒性和可用性 |

### 4. 平台层（Platform Layer）

平台层是工业物联网架构中的一个重要组成部分。它位于物联网设备（如传感器、执行器、机器等）和云端服务之间，负责连接、管理和处理来自各个设备的数据。平台层在 IIoT 架构中扮演着中心角色，通过整合和管理设备、数据和应用，为企业实现强大的工业智能化控制功能。平台层的核心功能见表 7-4。

表 7-4　平台层的核心功能

| 核心功能 | 功能说明 |
| --- | --- |
| 设备接入和管理 | 负责连接和管理各种工业设备,包括监控设备状态,进行设备配置、远程控制和故障诊断 |
| 数据采集与融合 | 从不同来源收集实时或历史数据,包括传感器、PLC、SCADA 系统等,并将这些数据整合在一个统一的平台上 |
| 数据处理与分析 | 处理和清洗原始数据,进行预处理、格式化和标准化,然后通过数据分析算法(如机器学习、AI)进行深入分析,提取有用信息 |
| 应用开发与集成 | 提供 API(应用程序接口)或开发框架,支持开发和部署各种工业应用,如生产调度、质量控制、设备维护等,实现业务流程的自动化和智能化 |
| 服务与应用交付 | 将分析结果以可视化形式呈现给用户,支持实时监控、远程操作和决策支持,同时为第三方开发者提供服务接口 |

（续）

| 核心功能 | 功能说明 |
|---|---|
| 安全与合规 | 要确保数据的安全传输和存储，遵循数据隐私法规，防止数据泄露和未经授权的访问 |
| 运维与管理 | 需要对整个系统进行运维管理，包括性能监控、故障检测、版本更新等，以保证系统的稳定运行 |
| 标准化与互操作性 | 需要支持多种工业标准和协议，确保不同设备和系统的互操作性，促进整体生态系统的协同工作 |

### 5. 应用层（Application Layer）

应用层主要负责将物理世界的数据转换为数字化信息，并在此基础上进行高级分析和决策。应用层是工业物联网的"大脑"，它通过整合和处理来自底层的数据，为企业提供实时的业务洞察和决策支持。应用层的核心功能见表 7-5。

表 7-5　应用层的核心功能

| 核心功能 | 功能说明 |
|---|---|
| 数据采集 | 通过各种传感器、设备和机器，实时收集生产过程中的各种数据，如温度、湿度、压力、速度、位置等 |
| 数据处理与分析 | 对采集的数据进行预处理、清洗、存储，并通过大数据分析、机器学习等技术，提取有价值的信息，用于优化生产流程、预测设备故障、提高产品质量等 |
| 远程监控 | 通过网络连接，实现对生产设备的远程监控，及时发现并解决设备故障，减少停机时间 |
| 自动化控制 | 通过 IIoT 平台，实现设备的自动化控制，比如根据数据分析结果自动调整生产参数，提高生产效率 |
| 生产计划与调度 | 基于实时数据，进行生产计划的制订和优化，进行生产调度，确保生产过程的顺畅进行 |
| 安全管理 | 保障工业物联网系统的安全，防止数据泄露和恶意攻击，确保生产环境的安全稳定 |
| 服务与维护 | 提供设备运行状态报告、预防性维护建议等服务，降低运营成本 |
| 人机交互 | 通过用户界面，让操作人员能够直观地查看和控制生产过程，提升工作效率 |
| 质量追溯 | 在产品制造过程中，通过 IIoT 实现全程追踪，确保产品质量可控 |
| 环境监测 | 对于环保要求较高的行业，可以实时监测环境指标，如排放物、能耗等，达到节能减排的目标 |

### 6. 安全与管理层（Security & Management Layer）

安全与管理层是指在工业生产环境中，对物联网设备、系统和数据进行安全管理以及运营控制的领域。安全涉及多个方面，包括工业环境中的设备、数据和通信等的安全性。通过安全管理，可以有效地降低工业物联网中的安全风险，保护资产和生产流程不受损害。同时，持续改进和更新安全策略是保障长期安全的关键。表 7-6 给出了工业物联网安全所涉及的几个关键领域。

表 7-6　工业物联网安全所涉及的关键领域

| 关键领域 | 功能说明 |
|---|---|
| 设备安全 | 确保物联网设备（如传感器、控制器、机器人等）免受物理破坏、网络攻击和恶意软件侵扰。这包括加密通信、身份验证、访问控制等技术 |

（续）

| 关键领域 | 功能说明 |
| --- | --- |
| 网络安全 | 保护网络基础设施，防止未经授权的访问、数据泄露或服务中断。这涉及防火墙、入侵检测系统、网络审计等措施 |
| 数据安全 | 保护工业生产过程中的敏感数据，如工艺参数、产品质量信息等，防止数据篡改、丢失或被非法利用 |
| 应用程序安全 | 确保工业应用系统的安全性，防止恶意软件感染、代码注入等风险 |
| 安全策略与管理 | 制订和实施一套完整的安全政策，包括风险评估、安全培训、应急响应计划，以确保整个 IIoT 环境的安全运行 |
| 合规性 | 符合相关的工业安全标准和法规，如 ISO 27001、NIST Cybersecurity Framework（美国国家标准学会网络安全框架）等 |
| 监控与审计 | 实时监控网络活动，定期进行安全审计，以便及时发现并处理潜在威胁 |
| 安全更新与维护 | 定期对设备和系统进行安全补丁升级，修复已知漏洞，保持系统的安全性 |

## 7.3.2　生产系统物联网应用

工业物联网是物联网的重要分支，其应用很广阔，特别是在能源、交通运输诸如铁路和车站、机场、港口等方面，制造业包括采矿、石油和天然气、供应链、生产等应用领域发挥了重要作用。

物联网概念的工业应用其实已经存在很长时间了，只是没有专门系统地提出。其相关技术门类很广泛，如过程控制和自动化系统、工业以太网和无线局域网（WALN）、可编程逻辑控制器（PLC）、无线传感器和射频识别（RFID）技术标签等，都已经大面积应用。工业物联网（IIoT）的应用场合很多，概括起来可分为过程自动化（Process Automation，PA）应用和工厂自动化（Factory Automation，FA）应用两大类。

**1. 过程自动化**

过程自动化是指采用计算机技术和软件工程帮助电力、造纸、矿山、水泥等行业的工厂更高效、更安全地运营。它通过利用计算机技术和相关设备，对工厂生产过程中的各种参数进行实时监控、控制和优化，从而实现生产过程的自动化和智能化。

过程自动化是一种利用计算机技术和软件工程实现工厂高效、安全运营的重要技术手段，通过它可以大大简化工厂操作人员的工作。过程自动化系统在工厂各个区域安装传感器，收集温度、压力和流速等数据，并利用计算机对这些信息进行储存和分析，然后将处理后的数据显示到控制室的大屏幕上，使操作人员能够方便地监控整个工厂的每种设备。此外，过程自动化系统还能自动调节各种设备，优化生产，并在必要时允许操作人员进行手动操作。它可以降低生产成本，提高生产效率。通过优化生产过程和设备调节，过程自动化可以降低能源消耗和减少次品率，从而提高产品质量。过程自动化系统还能预测何时需要对生产设备进行维护，减少常规检查次数，降低维护成本。

工业物联网通过实时数据采集与处理、自动化控制与优化、预测性维护与故障预警、供应链管理与优化以及能源管理与节能降耗等方面，显著提升了过程自动化的效率，可以为企业带来了更高的生产效率、更低的生产成本以及更优质的产品质量，推动了工业生产的持续发展。具体说明见表 7-7。

表 7-7 工业物联网在过程自动化中发挥的作用

| 关键方面 | 具体作用说明 |
| --- | --- |
| 实时数据采集与处理 | 工业物联网的核心在于其能够实时采集设备运行状态、生产过程数据以及能源消耗数据等。这些数据通过物联网技术传输到中央系统，并经过分析和处理后，可以为生产过程中的决策提供有力支持。这种实时性确保了对生产过程的精准掌控，从而提高了生产效率 |
| 自动化控制与优化 | 基于实时采集的数据，工业物联网能够实现生产线的自动化控制和优化。通过对设备的协同作业和自动化控制，可以确保生产过程的稳定性和高效性。此外，系统还可以根据实时数据调整生产参数，以实现最优化的生产过程，从而提高生产效率和产品质量 |
| 预测性维护与故障预警 | 工业物联网不仅可以实时监测设备的运行状态，还可以通过分析历史数据预测设备的维护需求。这种预测性维护能够在设备出现故障之前进行干预，避免了生产中断的风险。同时，故障预警系统能够在设备出现异常时及时发出警报，确保问题得到及时解决，进一步提高了生产过程的稳定性 |
| 供应链管理与优化 | 在工业物联网的支持下，供应链中的货物运输、存储和分拣等过程都可以得到实时监控和管理。这使得企业能够更准确地掌握货物的位置和状态，提高供应链的透明度和效率。通过优化供应链的运作，企业可以降低库存成本、提高运输速度，并减少因供应链问题导致的生产延误 |
| 能源管理与节能降耗 | 工业物联网还可以实现能源的智能化管理和监测。通过实时监测能源消耗数据，系统可以分析能源使用情况并找出节能潜力。此外，根据生产需求实时调整能源供应，可以避免能源浪费，提高能源利用效率，从而降低生产成本 |

**2. 工厂自动化**

工厂自动化，即制造过程的自动化，利用机器人系统和装配线机械来实现，以提高生产能力和效率。例如，机械臂的外观和驱动力通常与人类相似，并且能够替代人类操作员执行功能，但具有更强的鲁棒性、生产力、精度和效率。在相同的目标下，装配线通常将复杂的任务分解成更小的子任务，并根据设计的工作流程执行分步操作。

工厂自动化也称为车间自动化，是指利用先进的技术和设备，对生产过程中的各个环节进行自动化控制和操作，以实现产品制造的全部或部分加工过程的自动化。这包括设计制造加工等过程的自动化，企业内部管理、市场信息处理以及企业间信息联系等信息流的全面自动化。通过引入自动化系统，工厂能够实现生产线的自动化运行、设备的智能化控制以及生产过程的实时监测和管理。

工厂自动化的常规组成方式是将各种加工自动化设备和柔性生产线连接起来，配合计算机辅助设计（CAD）和计算机辅助制造（CAM）系统，在中央计算机统一管理下协调工作，使整个工厂生产实现综合自动化。这种自动化不仅提高了生产效率，降低了生产成本，还提高了产品质量和稳定性。工厂自动化是现代工业生产的重要组成部分，它为企业带来了显著的经济效益和竞争优势。

工业物联网可以通过实时数据监控与分析、自动化流程优化、预测性维护与故障预警、智能库存管理与物流优化以及个性化定制与柔性生产等方式，显著提升工厂自动化的生产效率。这些技术的应用使得工厂能够更加高效、稳定地进行生产，提高了产品质量和降低了生产成本，为工厂的可持续发展奠定了坚实基础。具体说明见表 7-8。

表 7-8　工业物联网在工厂自动化中发挥的作用

| 关键方面 | 具体作用说明 |
|---|---|
| 实时数据监控与分析 | 工业物联网的核心在于实时数据的采集和传输。通过在设备和生产线上布置传感器，物联网系统能够实时收集生产过程中的各种数据，包括设备状态、生产进度、环境参数等。这些数据随后被传输到中央控制系统，经过分析和处理后，为生产管理人员提供决策支持。这种实时监控和分析能力使得工厂能够迅速发现并解决生产过程中的问题，避免生产中断和浪费，从而提高生产效率 |
| 自动化流程优化 | 基于实时数据，工业物联网可以实现生产流程的自动化优化。系统能够自动调整设备的运行参数，优化生产线的配置和调度，确保生产过程的连续性和稳定性。此外，物联网技术还可以与其他自动化系统（如 ERP、MES 等）进行集成，实现生产计划的自动排程和生产进度的实时跟踪，进一步提高生产效率 |
| 预测性维护与故障预警 | 工业物联网通过对设备运行数据的监测和分析，能够预测设备的维护需求和可能出现的故障。这使得工厂能够在设备出现故障之前进行预防性维护，避免生产中断。同时，当设备出现故障时，物联网系统能够迅速发出警报，通知维修人员进行处理，减少故障对生产的影响。这种预测性维护和故障预警机制大大降低了设备的停机时间，提高了设备的利用率和生产效率 |
| 智能库存管理与物流优化 | 工业物联网还可以应用于工厂的库存管理和物流优化。通过实时监测库存水平和货物状态，物联网系统能够自动调整库存策略，避免库存积压和缺货。同时，物联网技术还可以优化物流路径和运输方式，降低物流成本，提高物流效率。这对于工厂来说，意味着更高效的资源利用和更快的产品交付速度，从而提升了生产效率 |
| 个性化定制与柔性生产 | 在工业物联网的支持下，工厂可以使用更加个性化和柔性的生产方式。通过收集和分析客户需求数据，工厂可以调整生产线配置和生产参数，以满足不同客户的定制化需求。这种柔性生产能力使得工厂能够更好地应对市场变化和客户需求的变化，提高了生产效率和市场竞争力 |

## 7.3.3　面向工程应用的 IIoT 的架构模式

前面分析的工业物联网架构主要是从物理设备、数据采集、数据传输、数据汇聚和数据利用功能上细致地划分了物联网系统的各个部分。这种划分方式使得物联网系统的各个部分更加明确，有助于更好地理解和优化整个系统。生产实际应用中各分层的功能作用并不相同，因此架构被简化为三层，即感知层、网络层和应用层。三层架构简化了物联网系统的设计，使得不同设备和系统可以更容易地相互集成。而五层架构则更细致地划分了物联网系统的各个部分，使得每个部分都可以得到更充分的开发和优化。

感知层也称物理层、设备层，是工业物联网的最底层。其主要任务是通过各种传感器和设备收集环境中的信息，并将这些信息转化为电子数据。这些设备可能包括温度传感器、湿度传感器、光照传感器、压力传感器等，它们可以检测相应物理量，并将这些物理量转化为电子信号。此外，感知层还包括执行器，可以根据接收到的电子信号执行相应的动作，如开关电动机、调节灯光亮度等。还包括异构 IIoT 设备，从功能强大的计算单元到极低功耗的微控制器，不一而足。设备及其所采用的网络技术具有高度的异构性，设备之间互连、互操作性应当放在首位。这些设备通过各种有线和无线网络连接到网络层。

网络层也称传输层、网关层，在整个物联网架构中起到承上启下的作用。它是进行信息交换、传递的数据通路，负责将感知层获取的信息准确无误地传输到应用层，同时也将应用层的控制指令传送到感知层。采用有线网络（如拨号网络、局域网络、私有网络、专线网络）、互联网以及无线网络（如 2G、3G、4G、WLAN、WiMax）等技术，构建了一个庞大的数据传输网络，使物联网设备能够随时随地接入网络并交换信息。此外，网络层还需要解决异构网络之间的通信与协议转换问题，确保信息在不同网络之间能够顺畅地传递。

应用层是工业物联网体系架构中的最高层，也是与用户直接交互的一层，主要负责将网络层传输来的数据进行处理和应用。它解决了信息处理和人机界面的问题，包括数据的分析和处理，以及与其他信息系统的交互。应用层主要基于云计算、大数据、智能控制等技术，对感知层采集的数据进行融合、分析和处理，实现智能化决策和控制。应用层可以为用户提供各种丰富的应用服务，如智能家居、智能交通、智能医疗、智能工业等，从而提升人们的生活质量和社会的运行效率。图 7-9 是面向云端应用的工业物联网架构模式。

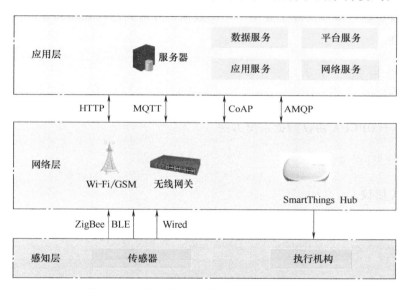

图 7-9　面向云端应用的工业物联网架构模式

## 7.4　数据采集应用实验

### 7.4.1　实验背景

为满足人才培养目标与要求，某高校联合上海犀浦建设了实训平台拓展版生产线，该生产线由四个典型工站（智能仓储工站、智能加工工站、智能装配工站、视觉检测工站）及配套的中央控制台、激光 SLAM（即时定位与地图构建）导航 AGV 构成。各工站可独立运行，也可组合成生产线协同工作。生产线总体构成图如图 7-10 所示。

该生产线还同时配备了订单管理系统、制造执行系统以及仓储管理系统。

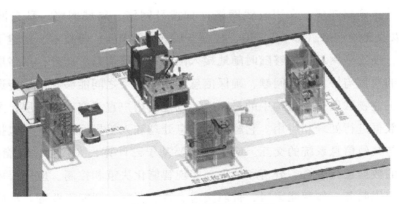

图 7-10　生产线总体构成图

　　本次实验旨在通过采集实际工业生产中的数据，并对其进行处理和分析，以验证新型采集方法的有效性。

## 7.4.2　实验目的

　　1）掌握 PLC 的数据采集原理。

　　2）掌握基于 OPCUA 协议数据采集方法。

## 7.4.3　实验相关知识点

　　1）OPCUA 协议。

　　2）NodeRead 数据采集工具。

## 7.4.4　实验任务

　　通过 OPCUA 协议采集仓储工站中 PLC 有关三轴堆垛的数据，以实现实时监控的效果。

## 7.4.5　实验设备

　　实验设备及辅助工具见表 7-9。

表 7-9　实验设备及辅助工具表

| 硬件/软件/辅助工具名称 | 型号/版本 | 品牌 | 数量 | 单位 |
|---|---|---|---|---|
| 智能仓储工站 | XPET-S1-WH1 | 上海犀浦 | 1 | 台 |
| MES | CPS-MES V2.0 | 上海犀浦 | 1 | 套 |
| NodeRed（数据采集可视化工具） | V3.1.0 | | 1 | 套 |
| 笔记本计算机 | | | 1 | 台 |

## 7.4.6　实验原理

　　通过 OPCUA 协议采集 PLC 数据，OPCUA 是一种工业通信协议，适用于不同制造商的设备之间的数据通信。在 PLC 数据采集中，通过 OPCUA 协议，可以实现高效、安全的数据通信，确保在工业环境中数据的准确性和可靠性。

## 7.4.7　实验步骤

### 1. 准备工作

在实验开始之前，请确保以下几点：

1）拓展版生产线正常启动。

2）数据采集工具正常启动。

3）笔记本计算机和工站相连。

### 2. 通过 OPCUA 协议采集 PLC 数据

1）配置笔记本计算机 IP，确保笔记本计算机和实训平台在同一个网段中。

2）使用数据采集可视化工具拖拽 OPCUA 相关节点到编辑区，如图 7-11 所示。

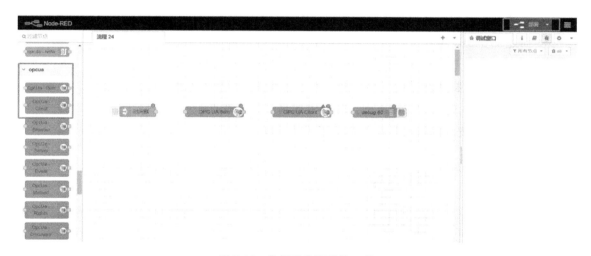

图 7-11　数据采集可视化工具

3）配置 OPCUA 节点，在"OPCUA Item"节点中配置转速对应的 OPCUA 地址，如图 7-12 所示。其中，Item 填写"ns = 3；i = PDPS. X_Position"，Type 填写"float"，Name 填写"X 轴堆垛机位置"。

4）在"OPCUA Client"节点中配置 OPCUA 服务器地址。

5）部署采集程序并运行生产线，观察采集结果，如图 7-13 所示。

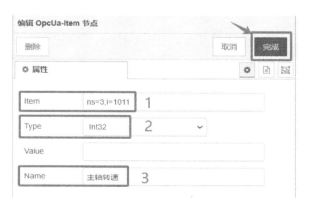

图 7-12　"OPCUA Item"节点配置

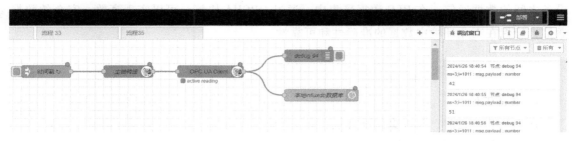

图 7-13　数据采集结果

## 习题

1. 什么是物联网？主要应用在哪些方面？

2. 什么是工业物联网？它和物联网是什么关系？

3. 列举至少四种在工业物联网中使用的无线通信技术，叙述各自的技术特点。

4. 简述三点定位法的原理，说明实现该定位需要哪些条件。

5. 简述工业物联网在工厂自动化过程中发挥哪些关键性作用。

6. 工业物联网五层架构是如何划分的？各层的功能分别是什么？

7. 工程实际中物联网采用三层架构，叙述它和五层架构的区别。

8. 简述 ZigBee 的几种组网方式。每种方式具有什么特点？

9. LoRa 通信技术的特点是什么？适用于什么场合？

科学家科学史

"两弹一星"功勋科学家：屠守锷

# 第 8 章

# 智能制造网络集成案例

PPT 课件

## 8.1 场景描述

　　某学校需要搭建一个工业 4.0 学习工厂用于教学与科研，该学习工厂的核心生产线由订单管理系统（OMS）、制造执行系统（MES）、仓储管理系统、生产线数字孪生系统和智能生产线构成。其中智能生产线由四个智能工站（智能仓储工站、智能加工工站、智能装配工站和视觉检测工站）及配套的中央控制台、激光 SLAM 导航 AGV 构成，可以实现印章与齿轮轴两种产品的混线和个性化生产，如图 8-1 所示。在此背景下，设计一个智能制造车间网络集成方案，确保生产的可靠性、安全性和灵活性。

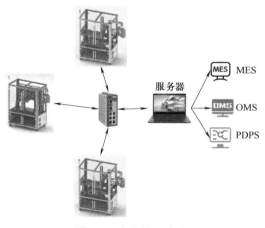

图 8-1　生产线示意图

## 8.2 需求分析

　　工业 4.0 倡导智能化、数字化和自动化生产，这要求各种工业设备、传感器和系统之间能够相互通信和协作，而网络作为它们之间的桥梁和纽带，扮演着至关重要的角色。工业 4.0 中，数以千计的传感器、设备和控制系统需要即时交换各种数据，包括生产数据、设备状态信息等。而网络负责传输这些数据，确保信息能够及时、准确地到达目的地。这在实现智能化监控、预测性维护等方面至关重要。在工业 4.0 时代，各种工业设备和系统需要能够互相通信和协作，以实现智能化、自动化的生产流程。为了实现工业 4.0 时代的生产需求，工业网络需要具备以下特点：

1）高可靠性：工业生产对网络的稳定性和可靠性要求非常高，需要能够支持大规模的数据传输和实时通信，以确保生产线不受网络故障影响。

2）灵活性：工业生产具有多样化的设备和系统，网络需要能够支持各种设备的连接和通信，以实现生产过程的灵活性和可扩展性。

而在当前系统中，网络的可靠性、灵活性都受到了一定的挑战，无法有力地支撑工业 4.0 的建设，比如系统常见的链路故障、路由器故障等带来的可靠性问题；系统扩建时网络架构不易改变导致的灵活性问题。

## 8.2.1　链路故障

生产线运转的过程中，往往会有操作人员在生产线附近走动巡检，而生产线各个工站间的通信是通过网线连接维持的，每当操作人员不慎踩踏或者牵扯到网线，很容易引起网线接口的松动，从而导致生产线的通信故障。

在以往工业 3.0 中，OT 与 IT 的结合尚未有现在工业 4.0 般紧密，暂时的通信中断往往影响部分工站的运转。而在工业 4.0 的环境中，OT 与 IT 结合得愈发紧密。每个工站可能都会与很多智能系统紧密连接，网络通信中断的影响也由以往的 OT 扩散到了 IT 中，导致的问题也越发严重，后续的维护和恢复成本也更高。

因此需要进行一定的设计来保证即使网络中部分链路突然发生故障也不会导致大规模的网络瘫痪。

## 8.2.2　路由器设备故障

在一个较大的工厂中，可能存在着众多不同或者相同的生产线同时在进行生产和运作，此时一套 IT 系统可能需要对接多套 OT 系统。若还采用单工站的模式将所有的设备放入一个子网中，则存在风险管控麻烦、扩展性差等问题。所以会将众多的 OT 系统划分为一个个的子网来管理，然后在工厂中配备一定数量的路由器来进行路由。

在此背景下，路由器是 IT 系统和众多 OT 系统间的桥梁，所有系统间的通信都得依赖路由器来提供路由。每个设备随着使用时间的增长，都会需要维护也都可能会出现问题，但是对于整个工厂而言，路由器的维护或者故障，将会导致众多系统间的通信全部中断，致使整个工厂陷入瘫痪。

因此需要对网络进行设计，即使在某一两台路由器发生故障或者需要维护时，也可以保证各个系统间的通信。

## 8.2.3　网络可扩展性

工厂的网络结构以及设备情况不是一成不变的，随着市场的变化，工厂会动态地调整规模。而工业 4.0 中 OT 与 IT 系统紧密关联，每当需要对工厂进行扩建时，都需要将新增的部分连入原有的网络。

而随着工厂的扩建，可能也需要对原有的网络进行扩建。在一个工厂中，路由器可能需要负责非常多的网络间的路由。若每次新增路由器都需要人工手动对这些路由信息进行配置，将是非常耗时且容易出错的行为。

因此需要对网络进行设计，当网络扩建时可以减少在路由器中对路由相关信息的配置风险。

## 8.3　解决方案

为了有力地支撑工业 4.0 平台建设，满足其高可靠性、灵活性的需求，解决在实际生产中面临的链路故障、路由器设备故障等常见问题，考虑基于 OSPF、VRRP、RSTP 等协议构建生产线网络，其拓扑图如图 8-2 所示。

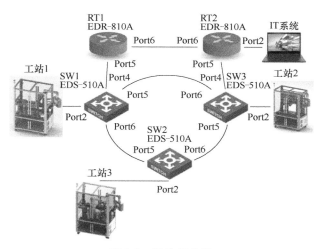

图 8-2　网络拓扑图

OSPF（开放最短通路优先协议）是一个开放式的链路状态路由协议，它支持动态路由选择，能够根据网络的实际状况动态调整路由，以提高网络的效率和可用性。OSPF 可以根据链路状态进行最短路径计算，从而保证数据在网络中的快速传输。通过 OSPF 可以动态地在路由器间传递网络路由信息，降低网络扩展成本，提高网络的灵活性。

VRRP（虚拟冗余路由协议）则用于解决网络中的单点故障问题。通过 VRRP，可以建立虚拟路由器，将多台路由器组成一个冗余组，其中一台为主，其余为备用。当主路由器出现故障时，备用路由器会立即接管主路由器的工作，从而保证网络的连续性和稳定性，从而避免单台路由器故障而导致的网络瘫痪，保障设备的可靠性。

RSTP（快速生成树协议）可应用于环路网络，通过一定的算法实现路径冗余，同时将环路网络修剪成无环路的树形网络，从而避免报文在环路网络中的增生和无限循环。通过该协议，可以保证当某一链路出现问题的时候，网络可以切换到备用链路，避免出现大范围网络瘫痪从而提升网络链路的可靠性。

## 8.3.1 链路故障问题处理

由问题描述可知，问题主要是运维操作人员不慎将网络链路破坏时导致的，所以需要在网络的重要系统间实现一定的网络冗余即可。XPET-S1 生产线中，既包含 OT 系统，也包含 IT 系统，所以需要在这两个系统的连接间保证一定的链路冗余；同时 OT 系统中又包含了多个工站，所以在这些工站之间也得配置一定的链路冗余。在工业环境中，OT 系统对于设备的响应时间有很高的需求，所以采用恢复时间较短的 RSTP 来实现链路冗余功能。

从图 8-2 中可得，需要在 SW1、SW3 的端口 4、5、6 上开启 RSTP 功能，如图 8-3 所示。

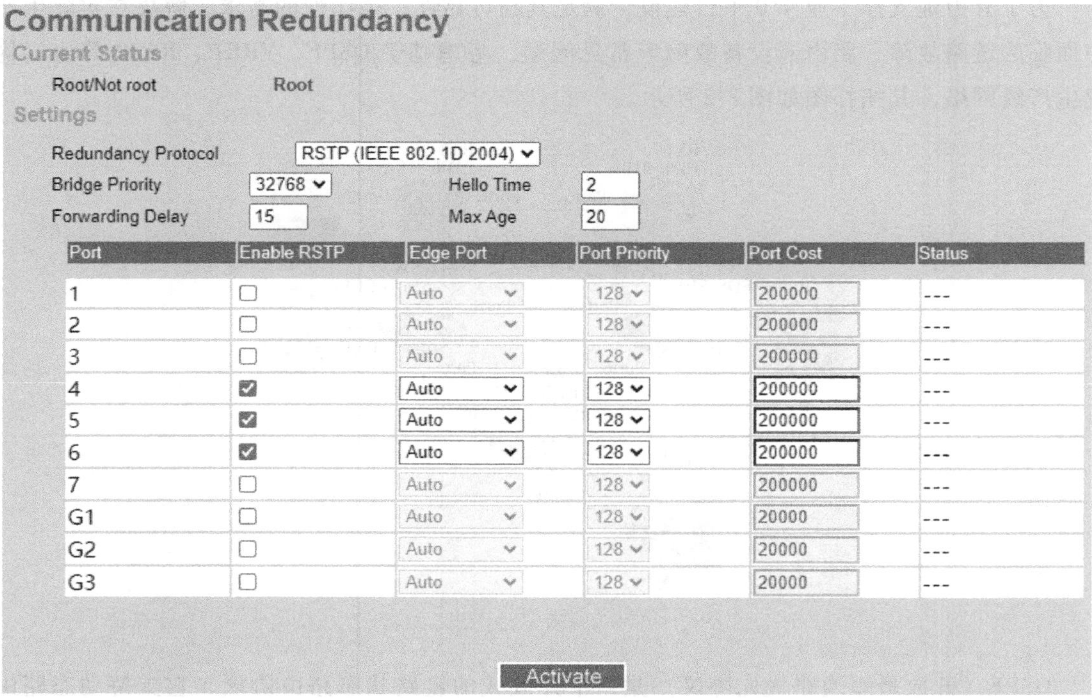

**Communication Redundancy**

Current Status

| Root/Not root | Root |
|---|---|

Settings

| Redundancy Protocol | RSTP (IEEE 802.1D 2004) ⌄ | | |
|---|---|---|---|
| Bridge Priority | 32768 ⌄ | Hello Time | 2 |
| Forwarding Delay | 15 | Max Age | 20 |

| Port | Enable RSTP | Edge Port | Port Priority | Port Cost | Status |
|---|---|---|---|---|---|
| 1 | ☐ | Auto ⌄ | 128 ⌄ | 200000 | --- |
| 2 | ☐ | Auto ⌄ | 128 ⌄ | 200000 | --- |
| 3 | ☐ | Auto ⌄ | 128 ⌄ | 200000 | --- |
| 4 | ☑ | Auto ⌄ | 128 ⌄ | 200000 | --- |
| 5 | ☑ | Auto ⌄ | 128 ⌄ | 200000 | --- |
| 6 | ☑ | Auto ⌄ | 128 ⌄ | 200000 | --- |
| 7 | ☐ | Auto ⌄ | 128 ⌄ | 200000 | --- |
| G1 | ☐ | Auto ⌄ | 128 ⌄ | 20000 | --- |
| G2 | ☐ | Auto ⌄ | 128 ⌄ | 20000 | --- |
| G3 | ☐ | Auto ⌄ | 128 ⌄ | 20000 | --- |

Activate

图 8-3　SW1、SW3 RSTP 配置

在 SW2 的端口 5、6 上开启 RSTP 功能，如图 8-4 所示。

在 RT1、RT2 的 5、6 端口上也开启 RSTP 功能，如图 8-5 所示。

## 8.3.2 路由器设备故障问题处理

由问题描述可知，需要保证在某一路由器从网络中退出时仍可以保证网络中的跨网段通信正常。可以将已有的两个路由器做一个路由器组，通过 VRRP 实现路由的备份。这样当某一个路由器从网络中退出时，另一个路由器仍然可以为网络提供路由服务。所以需要在 RT1、RT2 中开启 VRRP 功能，如图 8-6、图 8-7 所示。

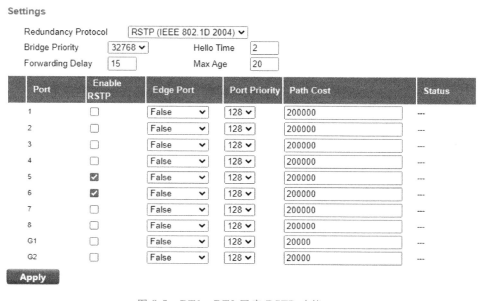

**Communication Redundancy**

Current Status

Root/Not root　　Root

Settings

Redundancy Protocol　　RSTP (IEEE 802.1D 2004) ▼

Bridge Priority　　32768 ▼　　　　Hello Time　　2

Forwarding Delay　　15　　　　　　Max Age　　20

| Port | Enable RSTP | Edge Port | Port Priority | Port Cost | Status |
|------|-------------|-----------|---------------|-----------|--------|
| 1 | ☐ | Auto ▼ | 128 ▼ | 200000 | --- |
| 2 | ☐ | Auto ▼ | 128 ▼ | 200000 | --- |
| 3 | ☐ | Auto ▼ | 128 ▼ | 200000 | --- |
| 4 | ☐ | Auto ▼ | 128 ▼ | 200000 | --- |
| 5 | ☑ | Auto ▼ | 128 ▼ | 200000 | --- |
| 6 | ☑ | Auto ▼ | 128 ▼ | 200000 | --- |
| 7 | ☐ | Auto ▼ | 128 ▼ | 200000 | --- |
| G1 | ☐ | Auto ▼ | 128 ▼ | 20000 | --- |
| G2 | ☐ | Auto ▼ | 128 ▼ | 20000 | --- |
| G3 | ☐ | Auto ▼ | 128 ▼ | 20000 | --- |

Activate

图 8-4　SW2 RSTP 配置

**Communication Redundancy**

Current Status

Root/Not root　　---

Settings

Redundancy Protocol　　RSTP (IEEE 802.1D 2004) ▼

Bridge Priority　　32768 ▼　　　　Hello Time　　2

Forwarding Delay　　15　　　　　　Max Age　　20

| Port | Enable RSTP | Edge Port | Port Priority | Path Cost | Status |
|------|-------------|-----------|---------------|-----------|--------|
| 1 | ☐ | False ▼ | 128 ▼ | 200000 | --- |
| 2 | ☐ | False ▼ | 128 ▼ | 200000 | --- |
| 3 | ☐ | False ▼ | 128 ▼ | 200000 | --- |
| 4 | ☐ | False ▼ | 128 ▼ | 200000 | --- |
| 5 | ☑ | False ▼ | 128 ▼ | 200000 | --- |
| 6 | ☑ | False ▼ | 128 ▼ | 200000 | --- |
| 7 | ☐ | False ▼ | 128 ▼ | 200000 | --- |
| 8 | ☐ | False ▼ | 128 ▼ | 200000 | --- |
| G1 | ☐ | False ▼ | 128 ▼ | 20000 | --- |
| G2 | ☐ | False ▼ | 128 ▼ | 20000 | --- |

Apply

图 8-5　RT1、RT2 开启 RSTP 功能

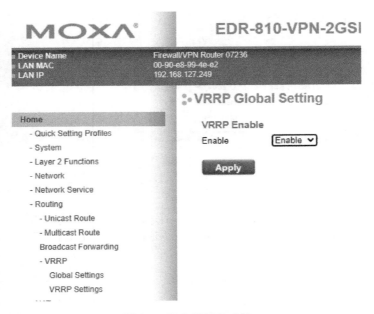

图 8-6　开启 VRRP 功能

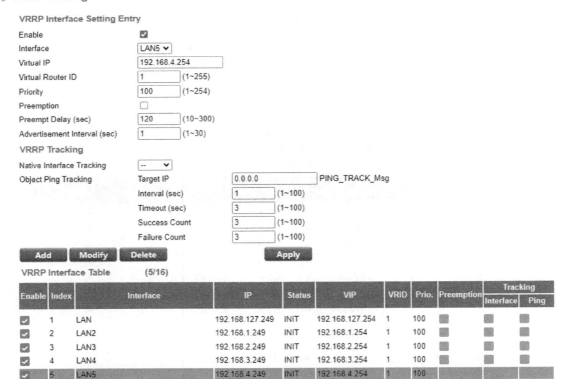

图 8-7　VRRP 配置

### 8.3.3　网络可扩展性问题处理

由问题描述可知，需要简化为网络添加路由器时有关网络中路由信息的配置。为了避免人工手动对路由器配置这样麻烦且易错的方式，可以考虑通过 OSPF 让路由器间自动的对网络中已有的路由信息进行同步。

所以需要在 RT1、RT2 中开启 OSPF 功能，如图 8-8 所示。

图 8-8　开启 OSPF 功能

为 OSPF 添加一个域，如图 8-9 所示。

图 8-9　为 OSPF 添加一个域

为 OSPF 的域添加一个接口，如图 8-10 所示。

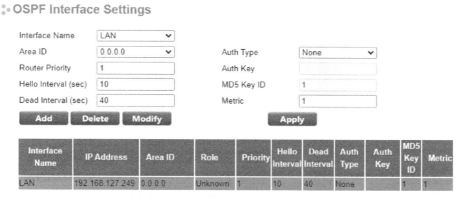

图 8-10　为 OSPF 的域添加一个接口

## 8.4 方案评估

    通过以上智能制造车间网络集成方案的设计和实施，可以有效满足学校工业 4.0 学习工厂提升链路稳定性、增强路由冗余、增加网络扩展性、远程监控和稳定性的需求，提升生产效率和管理水平，实现智能制造的目标。同时，应持续关注新技术的发展和网络安全的威胁，不断优化和完善网络系统，保障生产的持续稳定运行。

科学家科学史
"两弹一星"功勋科学家：雷震海天

# 参 考 文 献

［1］ 秦元庆，周纯芳，王芳. 工业控制网络技术［M］. 北京：机械工业出版社，2022.

［2］ 王小英，徐惠刚. 工业控制网络与通信［M］. 西安：西安电子科技大学出版社，2022.

［3］ 张帆. 工业控制网络技术［M］. 北京：机械工业出版社，2023.

［4］ 姚驰甫，斯桃枝. 路由协议与交换技术［M］. 北京：清华大学出版社，2022.

［5］ 李丙春. 路由与交换技术［M］. 北京：电子工业出版社，2020.

［6］ 孟祥成，蔡志锋. 路由与交换技术［M］. 北京：中国铁道出版社，2023.